진화의 원동력 짝짓기

다케우치 구미코 지음 | 황영식 옮김

국립중앙도서관 출판시도서목록(CIP)

진화의 원동력 짝짓기 : 바람기로 본 인류 진화론 / 지은이: 다
케우치 구미코 ; 옮긴이: 황영식. — 서울 : 디오네, 2006
p. ;   cm

원서명 :浮気人類進化論   원저자명 :竹内 久美子
ISBN 89-89903-97-1 03740 : ₩9800

473.8-KDC4
591.562-DDC21   CIP2006002582

진화의 원동력
짝짓기

다케우치 구미코 지음
황영식 옮김

디오네

인류진화의 원동력은 무엇인가

사랑에 빠지면 완전히 딴 사람으로 변한다. 갑자기 낭만주의자가 되고 그림이나 음악에 조예가 깊어진다. 남의 고통을 헤아릴 줄 아는 상냥하고 다정한 마음씨의 주인공이 된다. 세상은 거짓말과 속임수로 넘치지만 우리와는 아무 상관이 없다는 표정을 한다. 평소에는 생각할 수도 없는 놀라운 집중력과 인내력을 발휘하는 것도 이때이다. 왜 그럴까.

생물에게는 번식이 가장 중요한 과제이다. 척추동물 포유류에 속하는 인간도 예외가 아니다. 다만 생식을 위해 투입하는 에너지나 그것을 위해 이런저런 지혜를 짜내는 과정은 아무리 생각해도 예사롭지가 않다.

더욱이 문제가 되는 것이 바로 바람피우기라는 행위이다. 목숨을 걸고 하나가 됐을 두 사람. 그중 한쪽이 말썽의 씨앗을 뿌린다. 그리고 그 사실을 필사적으로 숨기고 어름어름 넘기려고 한다. 이렇게 이상한 동물이 인간 말고 또 있을까.

　이런 밑도 끝도 없는 생각에 한숨이 나온다. 여하튼 정말 인간이란 무엇일까. 왜 이런 짓을 하는 것일까. 그것은 생각하면 생각할수록 촌스러워지는 것일지도 모른다. 다만 나는 동물행동학을 공부하고 있어서 인간을 다른 동물과 비교 검토해가며 생각할 수는 있다. 이 책은 한 동물행동학 연구자가 인간이란 도대체 무엇인가, 왜 인간은 인간이 된 것일까 하는 큰 주제에 촌스러움을 무릅쓰고 매달린 결과이다.

　또한 유감스럽게도 이 책은 바람피우기 옹호론을 편 것이 아니다. 나 역시 여자인데 그렇게 간단히 적을 옹호할 수는 없다. 그러나 결국 옹호를 해주기는 했다.

　제1장에서는 인간이 인간이 된 수수께끼에 다가가보았다. 그때 가장 주목한 것은 바람기나 속임수처럼 '저속'하고 '쌍스러

운' 화제이다. 여기서 당신은 일찌감치 속지 않도록 조심해야겠다고 생각할지 모르겠다. 왜 내가 그런 데 집착하는지는 제2장 이후에 설명하겠다.

제2장은 제법 취미 삼아 즐길 만한 내용으로 돼 있다. 주로 곤충을 예로 들어 각론을 밝혀보았다.

제3장과 제4장에서는 유아살해(제 새끼가 아닌 남의 새끼를 죽이는 것) 문제를 다루었다. 야생동물의 세계에서는 서로 죽이지 않는다. 그들은 인간처럼 어리석지 않다는 게 동물행동학의 아버지라 불리는 콘라트 로렌츠의 아름다운 신화였다. 그러나 최근 이런 가설은 완전히 뒤집혔다. 저 백수의 왕이라는 사자는 물론이고 우리의 '이웃'인 침팬지나 고릴라조차 유아살해를 빈번히 행한다. 그러나 재미있는 것은 유아살해가 일어나는 사회와 일어나지 않는 사회가 있다는 점이다. 예를 들어 분류학적으

로 대단히 가까운 침팬지, 즉 보통 침팬지와 보노보(피그미침팬지) 사이에 커다란 차이가 있다. 이런 중대한 문제는 아무래도 동물들의 사회 구조와 깊이 연관돼 있을 것이란 생각이 든다. 더욱이 그 점은 이 책의 주제와도 의외로 깊은 연관성을 가진다.

어쨌든 까다로운 얘기는 잊고 끝까지 천천히 즐겨주셨으면 하는 바람이다.

〈차례〉

제1장
인류 진화의 과정

인간은 왜 언어 능력을
갖게 됐나

천장에 바나나를 매달아 놓고 침팬지의 지능을 검사해보자. 실험실 안에는 침팬지가 디딤대로 쓸 만한 나무상자가 하나 있고 어지간히 점프해서는 손이 닿지 않는 높이에 바나나가 매달려 있다.

연구자는 침팬지의 행동에 일희일비하게 된다. 바나나를 손에 넣진 못하더라도 상자에 흥미를 보이면 "이 새끼 침팬지가 벌써 이런 단계에 도달했다"고 해석해버린다. 과연 그들은 연구자의 해석대로 행동할까. 새끼 침팬지는 인간의 아기가 그렇듯 바나나 따위는 전혀 먹고 싶지 않고 단지 나무상자를 가지고 놀고 싶었을 수도 있다.

볼프강 켈러는 일찍이 아주 영리한 어느 수컷 침팬지에게 이 실험을 한 적이 있다. 침팬지는 주변을 둘러보고는 한참 동안 생각에 잠겼다가 상자와는 다른 방향으로 천천히 걸어가나 싶더니 켈러의 손을 잡아끌었다. 이 저명한 심리학자는 침팬지의 예상 밖의 행동에 다소 당황했지만 왜 그러는지 알기 위해 요구에 따랐다. 켈러는 침팬지에게 이끌려 방 한가운데까지 조용히 걸어갔다. 하지만 침팬지가 바나나를 잡을 때 기분 나쁠 정도로 세게 자기 머리를 짓밟으리라고는 눈곱만치도 예상하지 못했다(자세한 이야기는 콘라트 로렌츠의 저서 『인간, 개를 만나다』 참조). 침팬지가 바나나 아래에 사람을 세워놓고 나무처럼 기어 올라가 천장에 매달린 바나나를 손에 넣었던 것이다. 아무도 생각하지 못한 방식이었다.

침팬지의 지능은 지능검사를 하려는 인간이 거꾸로 테스트를 받는다는 생각이 들 정도로 높다. 그러나 아쉽게도 그들에게는 음성 언어와 같은 고도로 세련된 의사소통 수단이 없다. 여러 가지 소리를 내기는 하지만, 그것은 학습된 '언어'가 아니라 희로애락의 감정을 나타내는 '감탄사'이거나 동료에 대한 '신호' 정도일 뿐이다.

만약 침팬지를 인간의 아기처럼 키워서 훈련을 시키면 말을 하게 될까. 실제로 미국의 헤이즈 부부는 '비키'라는 침팬지에게 아주 어릴 때부터 단어를 가르쳤다. 그러나 부부의 도움을 얻어 겨우 발음한 것은 '파파(Papa)' '마마(Mama)' '컵(Cup)' 등 세 단어에 지나지 않았다. 그것은 침팬지의 학습 능력이 뒤처져서가 아니다. 오히려 '컵'을 어디에 쓰고 '파파' '마마'의 힘 관계가 어떤 것인지를 충분히 꿰뚫어보고 있었다.

침팬지는 진화 과정에서 높은 지능을 갖게 됐다. 그러나 복잡한 음성을 낼 기관이 발달하지는 못했다. 그들의 의사소통은 여러 가지 음성과 몇 가지 보디랭귀지로 이루어져 있다.

미국의 가드너 부부는 이 점에 주목해서 '와시'라는 침팬지 암컷에게 청각 장애자 사이에서 쓰이는 미국식 수화, 즉 아메리칸 사인 랭귀지(ASL)를 가르쳤다. 와시의 성취는 눈부실 정도였다. 다섯 살이 되었을 때는 백 수십 가지 수화 단어를 정복했다. 게다가 수화 단어를 엮어서 인간과 대화를 즐길 수 있었다.

또 미국의 F. 패터슨은 '코코'라는 고릴라 암컷에게 같은 실험을 해서 비슷한 성과를 거두었다. 와시와는 달리 코코에게는 수화와 함께 영어 발음을 기억하도록 했다. 코코가 수화와 영어 발음을 혼동해버리지 않을까 걱정했지만 전혀 불필요한 걱정이었다. 코코는 수화와 영어 발음을 완전히 별개로 이해했다. 코코는 놀랍게도 운(韻)이 같은 영어 단어 몇 개를 예로 들어보라는 주문에도 수화로 'Hair와 Bear' 'All과 Ball' 'Goose와 Moose'라고 정확하게 대답했다. 즉 코코는 듣고 이해하는 능력도 갖추었던 것이다.

와시나 코코가 상당한 '재원'이었음은 분명한 것 같다. 그밖에도 몇 마리인가 같은 교육을 받았지만 와시와 코코만큼 성과를 올리지는 못했다. 와시와 코코는 잘 못하는 동료에게 가르쳐 주기까지 했다.

한편 미국의 D. 프리맥은 '사라'라는 침팬지 암컷에게 플라스틱으로 만든 상징물(각각 일정한 단어에 대응해 색과 모양 크기가 다른 도형)을 사용해서 문장을 만들게 하는 실험을 했다. 수화로는 잘 알 수 없는 문법 능력을 알아보기 위해서였다. 이 실험에 따르면 사라는 여섯 살 때부터 훈련을 받기 시작해서 5년 후에 약 130개의 어휘를 습득해서 중문은 물론 복문까지 이해하고 작문까지 할 수 있었다고 한다.

더욱이 야키즈 영장류연구센터에서는 사라 연구를 더욱 진척시키기 위해 '라나'라는 침팬지 암컷을 훈련시켰다. 라나가 도형 문자가 붙은 키보드를 두드려 질문에 답하고, 그 답을 모두 컴퓨터로 처리하도록 하는 실험이었다. 라나는 그때까지의 언어 학습생과는 달리 종일 키보드가 늘어서 있는 투명한 플라스틱 방에서 보내도록 강요받았다. 더욱이 키보드는 단순히 학습용으로만 사용된 것이 아니라 음식물은 물론이고 음악이나 영화 같은 오락을 요구하는 데도 쓰였다.

라나 연구는 기본적 언어 능력에서 유인원과 인간이 거의 다르지 않다는 것을 보여주었다. 인간과 유인원 사이에 어떻게든 선을 긋고 싶었던 많은 학자들은 결국 언어 능력이라는 최후의 성채마저 이미 바람 앞의 등불이라는 것을 알았음에 틀림없다.

여기서 조금 신중하게 생각할 것이 있다. 그것은 유인원이 잠재적으로 언어 능력을 갖고 있는데도 왜 굳이 의사소통 수단으로서 과감히 실용화를 꾀하지 않았을까 하는 점이다. 그들에게는 그럴 필요가 없었을지도 모른다. 그렇다면 왜 그럴 필요가 없었을까. 그리고 인간이 언어를 필요로 했다면 그 이유는 무엇일까. 인간은 도대체 무엇을 말하고 싶었던 것일까.

인간은 왜 성욕을
억제하게 됐나

많은 가족이 서로 모여 군락을 이루고, 군락이 모여 마을을 이루며, 마을이 모여 국가를 이룬다. 즉, 인간 사회는 중층 구조를 이루고 있다. 이런 복잡하고 치밀한 구조를 지닌 사회에서 인간끼리 그럭저럭 잘 지낼 수 있었던 것은 '다른 사람의 아내나 남편과 성관계를 맺어서는 안 된다'는 암묵의 양해가 있었기 때문이다.

만일 인간 사회에 이런 암묵적 양해가 없었다면 도대체 어떤 일이 벌어질까. 처음에는 일부 호색가, 아니 꽤 많은 보통 사람들이 프리섹스의 기쁨을 나눌 것이다. 그러나 오래지 않아 새로 태어난 아이의 아버지가 누구일까, 누군지 모르면 어떤 범위 안에

있는지, 아이의 '소유권'은 누구에게 있는지 등의 문제가 생겨
날 것이 틀림없다. 결국 인간 사회는 다음에 밝히는 유인원 사회
가운데 어느 하나에 접근해갈 것이라고 생각된다.

우선 긴팔원숭이는 일부일처제로 부부와 몇 마리 새끼들로 이
뤄진 핵가족을 이루고 있다. 그들은 다른 가족에 대해 대단히 배
타적이고 가부장적이다. 아버지 긴팔원숭이에 의해 가족별 영역
은 엄격하게 지켜진다. 긴팔원숭이 부부는 항상 붙어 다녀서 그
사이에 다른 긴팔원숭이가 끼어들 여지는 거의 없다.

고릴라는 일부다처의 하렘제[1]를 취하고 있다. 하나의 하렘에
는 지도자 외에 2~6마리의 암컷과 새끼들이 있다. 지도자 외에
성숙한 수컷이 성체가 있는 경우도 있지만 그것은 지도자의 아
들로서 언젠가는 그 하렘을 이어받을 놈이다. 고릴라 사회에는
확실히 구분된 영역이 없어서 하렘 사이 또는 하렘과 떠돌이 수
컷과의 만남이 잦다. 이런 경우 싸움에 져서 암컷을 빼앗기는 일
이 있다. 고릴라 수컷은 처자식을 지키기 위해 싸움을 하다 보니
그렇게 거대한 몸집을 진화시켜 왔다. 고릴라 수컷은 하렘에 있
는 암컷 또는 다른 하렘에서 빼앗아온 암컷과 교미한다.

침팬지도 있다. 그들은 여러 마리의 수컷과 암컷과 새끼들로

---

1. 일부다처제 생활을 하는 이슬람 사회에서 처첩들만 따로 사는 별채나 방을 하렘
(harem)이라고 부르는 데서 나온 말.

이뤄진 30~80마리가 집단생활을 한다. 집단 내에서의 교미는 난혼으로 짝짓기가 이루어진다. 서열이 높을수록 교미할 때 유리하지만 서열이 낮아도 기회가 많기 때문이다. 또 특정 수컷이 특정 암컷을 독점하는 일도 있지만 그 기간은 짧다. 집단 내에서는 대체로 협조적이나 집단 사이는 대단히 적대적이다. 싸움이 벌어지면 죽는 놈이 나오는 일도 드물지 않다. 집단 사이에 구성원의 변동이 일어나는 것은 성숙한 암컷이 이적할 때뿐이다. 수컷은 평생 나서 자란 집단에 머물며 다른 집단의 수컷은 적대시한다.

그런데 위에 든 세 가지 예는 어느 것이나 중층 구조를 갖지 않은 사회, 즉 집단이나 하렘이 있다고는 해도 그것들이 다시 모여 한 단계 위의 구조를 이루지 않는 사회이다. 유인원들은 성관계를 맺어도 불상사가 일어나지 않는 구성원들하고만 행동을 같이한다. 그렇다면 성욕을 자제하는 '의지력'은 인간에게만 존재하는 것일까.

실은 인간과 마찬가지로 중층 구조를 지닌 사회를 이루며 성욕을 자제하는 동물이 있다. 교토대학 가와이 마사오(河合雅雄) 씨(현재 효고 현립 '인간과 자연 박물관' 관장)는 에티오피아 고원 지대에 사는 겔라다비비(gelada baboon)가 분류학상으로는 유인원보다 인간과 더 먼 존재임에도 불구하고 극히 인간적인 마음의 세계를 지니고 있다는 점을 알아냈다.

젤라다비비는 일부다처제 생활을 한다. 한 마리의 지도자 수컷이 3~5마리의 암컷과 새끼들을 이끌고 한무리의 구성원을 이룬다. 그리고 이 한무리가 여럿 모이면 '밴드(Band)'라는 대집단을 형성한다. 젤라다비비의 사진이나 다큐멘터리를 보면, 먹이를 주어 길들인 것도 아닌데 보통 몇백 마리가 넘는 대집단의 구성원들이 풀을 뜯거나 털 고르기를 해주는 광경을 볼 수 있다. 이것이 그들의 생활 단위이다. 그러나 하루종일 행동을 함께하더라도 다른 무리의 구성원끼리는 서로 섞이지 않는다. 시험 삼아 한무리의 구성원을 동그라미로 그려보면 동그라미가 만나거나 겹치는 일은 거의 없다고 한다.

이런 사실만으로도 젤라다비비는 상당히 질서와 예절을 존중하는 동물임을 알 수 있다. 더욱 놀라운 것은 종종 한무리의 구성원 안에 성숙한 수컷이 동거할 때가 있다는 점이다. 이 '제2수컷'은 성적으로도 이상이 없고 욕구도 충분하지만 생식 활동을 하진 않는다. 한무리의 구성원 가운데 두 마리의 성숙한 수컷이 있는데도 '원 메일 유니트(One Male Unit)'라는 이름이 통용되는 것도 제2수컷이 성적으로 활발하지 않기 때문이다.

원래 일부다처제 생활을 하는 동물 사회에서는 당연히 수컷이 남게 마련이다. 젤라다비비의 경우, 밴드 내의 그런 수컷에게는 대체로 세 가지 길이 있다. 몇 마리로 이뤄진 수컷 그룹의 일원이 되든가, 아무 곳에도 속하지 않고 밴드 안을 자유롭게 오가는 떠돌이 프리랜서 수컷이 되든가, 제2수컷이 되든가 하는 것이다.

수컷 그룹은 청년기의 수컷 집단으로 대개 이 가운데서 어떤 무리의 차기 지도자가 나온다. 프리랜서는 노장파와 소장파 두 종류가 있다. 전자는 대개 은퇴한 무리의 지도자이고 후자는 사춘기의 수컷일 때가 많다. 문제는 제2수컷이다. 이놈은 참 불가사의한 존재이다. 그는 말하자면 제2인자로 있으면서 지도자의 '아내들'이 흩어지지 않도록 하고 지도자와 수컷 그룹 사이에 싸움(싸움이라고는 하지만 의례적인 성격이 짙다)이 벌어지면 남아서 암컷과 새끼들을 보호해야만 한다.

제2수컷은 지도자와 혈연관계에 있는 것 같지도 않다. 인간으로 치자면 두목과 부하의 관계라고나 할까. 그가 이러한 충성의 대가로 얻게 되는 유일한 보답은 '제2부인' 지위에 있는 '베타 암컷'과 사이좋게 지내도 된다는 것뿐이다. 그것도 털 고르기 정도라면 해도 좋다는 의미일 뿐 성관계는 당치도 않다. 그렇게까지 충성을 다했으니 후계자가 되는 게 당연하다고 생각할 수도 있지만 대부분의 경우 그렇게는 되지 않는다. 지도자 자리는 무리를 습격해서 지도자를 추방하는 수컷그룹의 '중심인물' 손에 들어가버린다. 암컷들은 어느 날 진짜로 벌어지는 지도자 교체

극을 지켜보고는 차기 지도자를 지지한다.

이렇게 삶의 즐거움이나 장래의 희망과는 아무런 인연이 없어 보이는 제2수컷이지만 그도 사람의 아들, 아니 젤라다비비의 아들이다. 성관계도 하고 싶고 지도자도 되고 싶은 야심이 없을 리 없다. 그의 유일한 반역 기회는 지도자와 수컷 그룹 사이에 싸움이 벌어질 때다.

처음부터 끝까지 의례의 형태를 띠는 이 싸움에서 지도자 수컷은 과장된 몸짓과 큰소리로 수컷 그룹을 자극해 암컷들로부터 멀리 떨어진 곳으로 유인한다. 수컷 그룹은 속는 걸 뻔히 알면서도 아우성을 지르며 흩어져 유인하는 곳으로 따라간다.

그것은 어디까지나 의례일 뿐이어서 진짜 싸움으로 번지지는 않는다. 그렇다고 해서 진지하게 행하지 않는다면 의미가 없다. 소리나 몸짓은 진짜 싸움이 벌어질 때 서로가 어느 정도의 힘이 있는지를 추측할 수 있는 중요한 판단자료이기 때문이다. 지도자는 한순간이라도 틈을 보일 수 없다.

지도자가 진지하게 이런 의례를 치르는 동안 제2수컷은 가끔 묘한 생각을 하는 모양이다. 젤라다비비의 교미 시간은 겨우 10초 정도이다. 이 기회를 놓칠 이유가 없다. 가와이 씨는 어느 제2수컷이 지도자의 짝과 그런 짓을 하려는 장면을 관찰했다.

어느 날 아침 여느 때처럼 수컷 그룹이 습격해오자 지도자인

'기라'가 수컷 그룹을 유인해 언덕 너머로 자취를 감추었다. 제2 수컷인 '겐'은 바로 이때다 하고 '기라'의 짝인 '노라'에게 다가가 그녀의 엉덩이를 두 손으로 들어 올려 교미를 재촉하는 자세를 취했다. 그러나 그녀가 거부해 약간 어색한 분위기가 됐을 때 '기라'가 돌아왔다.

'겐'은 당황해서 '노라'로부터 풀쩍 물러나 '기라'를 향해 입술 말기를 해 보였다. 입술 말기는 겔라다비비 특유의 행동으로 말 그대로 윗입술을 말아 올려 잇몸의 살색을 보여주는 행동이다. 이것은 몸의 약한 부분을 드러내 보임으로써 상대방에게 적의가 없음을 알리는 달래기 신호로서의 의미를 지니고 있다. '기라'는 그것만으로도 무슨 일이 일어났는지를 충분히 짐작한다. '기라'는 '겐'에게 겁을 주고는 보통 때보다 3배나 많은 시간을 할애해 '노라'와 교미를 했다.

겔라다비비는 놀라우리만큼 인간과 똑같은 마음 씀씀이를 갖고 있다. 그러나 그들은 진화의 역사에서 유인원보다 훨씬 더 오랜 옛날 우리와 다른 길을 걸어간 동물이다. 그들이 극히 인간적인 마음을 지니게 된 것은 인간이 인간이 된 배경과 상당 부분 공통점이 있을지도 모른다. 어쩌면 다 같이 중층 사회를 이루고, 그것을 원활하게 운영하기 위한 어떤 불문율 같은 것은 아닐까.

인간은 왜 두뇌를 발달시켰나

데스몬드 모리스는 인간의 기원과 본질에 대해 많은 흥미로운 가설을 세웠다. 그는 대표작인 『털 없는 원숭이』에서 인간이 수렵 생활을 하는 과정에서 지능이 발달할 수밖에 없었다고 밝혔다.

인간 진화에 흥미를 가진 사람이라면 모리스뿐만 아니라 누구나 수렵이 중요한 요인이라는 점을 인정하고 있다.

머리가 좋은 사람은 사냥 도구를 잘 만들었을 것이다. 또한 사냥 도구를 잘 만드는 집단일수록 효율적으로 사냥을 할 수 있었을 것이다. 즉 그들은 보다 많은 사냥감을 손에 넣어 많은 자손을 남길 수 있었다. 이런 일이 몇 세대에 걸쳐 반복되는 가운데 인간의 지능은 점점 높아졌다고 본다. 지능은 도구 제작뿐만 아니라 집단을 어떻게 조직하느냐는 문제와도 관계가 있었을 것이다.

사냥과 더불어 또 하나의 중요한 요인으로 지적되는 것이 전쟁이다. 이 또한 많은 사람이 인정하고 있다. 다윈도 『종의 기원』에서 이미 지적했을 정도이다.

머리가 좋은 사람일수록 뛰어난 도구, 즉 무기를 만들고 강력한 집단인 군대를 조직할 수 있다. 이렇게 해서 그런 사람들이 그렇지 않은 사람들을 몰아냄에 따라 인간의 지능은 급속히 높아졌다는 얘기이다.

어느 쪽이든 합당한 논의이다. 나는 눈곱만큼도 이의를 제기할 생각이 없다. 다만 정말 중요한 점을 빠뜨리고 주변 요소만을 다룬 듯하다는 생각이 자꾸만 든다. 인간은 다른 영장류에 비해 다양한 특징을 지니고 있다. 그중에서 가장 중요한 것이 '언어를 통한 의사소통' 능력이다. 앞의 주장들은 이 점을 소홀히 하고 있다. 사냥이나 전쟁이 아닌 다른 이유로 인간의 언어가 발달했고 언어의 발달로 두뇌가 발달하지 않았을까.

물론 사냥이나 전쟁에 의해 뇌가 발달해서 또는 그 경우에 언어가 필요해져서 인간이 언어 능력을 획득했다는 주장도 가능할 것이다. 그러나 언어 능력이 사냥이나 전쟁에 의해 얼마나 높아

질까. 그런 일에 언어가 필요하긴 하겠지만 그리 복잡한 것이어야 할 필요는 없지 않을까.

더욱이 결정적인 것은 사냥이나 전쟁과 같은 조직적 활동에 참가해온 것은 오로지 남자들이라는 사실이다. 여자는 협력이나 언어적 의사소통이 별로 필요 없는 육아와 먹을거리 채집 업무에 종사해왔다. 즉 그런 생활 속에서는 여자가 언어를 절실하게 필요로 할 이유가 없다. 그러나 현실에서는 다르다. 남녀를 비교해보면 개인차는 있긴 하지만 여자가 압도적으로 말이 많다. 역사를 살펴봐도 과학이나 기술 등의 영역에는 거의 등장하지 않았던 여자들이 작가, 시인, 여제, 무당 등 언어 능력에 좌우되는 영역에서는 잇달아 등장하지 않았는가. 언어와 함께 살아온 것은 오히려 여자 쪽이다(물론 남자도 여자와는 다른 의미에서 언어와 깊은 관련을 가져왔지만 그에 대해서는 후술한다).

사냥이나 전쟁을 중시하는 기존의 사고방식으로는 인간이 왜 언어능력을 발달시켰는지 설명할 수 없다. 언어에 대한 전혀 다른 절실한 필요성이 인간의 지능을 끌어올리고, 인간을 인간답게 한 최대의 추진력이 됐던 것은 아닐까.

그런데 그 전혀 다른 필요성이란 도대체 무엇이었을까. 어떤 때 인간은 언어가 필요해질까.

그 이유를 알기 위해서 먼저 인간에 가장 가까운 두 종류의 유인원인 침팬지와 고릴라 사회를 살펴보자. 그들과 우리는 유인원과 사람이라고 함부로 선을 그어 나눌 수 없다. 인간, 침팬지, 고릴라 중 어느 쪽이 더 진화했고 더 우월하다고 말할 수 없다. 각각 저마다의 특징을 가지고 있다. 그것은 유전자 차원의 비교에서도 확인되고 있다.

고릴라의 수컷은 체중이 200킬로그램이나 되는 거대한 체구의 주인공이다. 암컷은 그렇게 크지 않아 수컷의 절반 정도밖에 되지 않는다. 수컷은 암컷을 차지하기 위해 수컷끼리 싸우다 보니 체구가 발달했다. 몸이 크고 강한 수컷일수록 여러 암컷을 거느려 많은 자손을 남긴다. 즉 진화생물학 분야에서 말하는 '성도태'에 따라 수컷의 몸이 커진 것이다.

침팬지의 수컷은 체중이 40~50킬로그램 정도 된다. 암컷은 수컷보다 약간 작지만 고릴라처럼 극단적인 차이는 없다. 게다가 동물원에서 사육되는 침팬지는 충분한 먹을거리와 운동부족 탓으로 수컷과 암컷 모두 60킬로그램 이상 되기도 한다. 그럴 때는 더욱더 성차는 작아진다.

인간도 미개 민족과 '인간 동물원'의 주민인 문명인을 비교하면 체중 면에서 침팬지와 마찬가지의 차이가 있다. 충분한 영양을 섭취하면서도 일이라고는 하루 종일 책상머리에 앉아 있는 게 전부인 문명인의 체중이 60킬로그램이 넘는 것과 달리, 작은 키에 단단한 몸매를 한 뉴기니아 등의 미개 민족 사람들의 체중은 50킬로그램도 안 된다. 즉 뜻밖의 이야기로 들리겠지만 침팬지와 인간은 원래 체중으로는 특별히 지적할 만한 차이가 없다.

그러나 인간과 침팬지의 몸을 자세히 조사해보면 각각 놀라울 만큼 발달한 부분이 있음을 알 수 있다. 그것은 인간의 경우는 뇌이고 침팬지의 경우는 정소, 즉 고환이다. 인간 뇌의 부피는 약 1,450밀리리터인데 이는 침팬지나 고릴라의 것보다 서너 배나 더 크다. 한편 침팬지의 고환은 약 120그램 정도다. 이는 인간이나 고릴라의 것보다 서너 배나 더 크다. 그렇게 된 이유는 침팬지의 혼인 형태가 난혼이라는 데 있다.

침팬지 사회에서는 암컷이 발정하면 수컷들이 번갈아 돌아가며 교미를 한다. 따라서 누가 태어나는 새끼의 아버지가 될지는 정자 차원의 경쟁에 달려 있다. 고릴라는 미리 싸움을 해서 이긴 수컷이 암컷을 차지하고 하렘을 만들어 교미를 한다. 반면 침팬지는 정자 수준에서 싸움을 시작한다. 침팬지는 고환이 잘 발달해 정자 제조 능력이 뛰어난 수컷의 새끼가 태어날 가능성이 크다. 이렇게 해서 태어난 새끼가 아버지로부터 물려받은 커다란 고환을 갖게 되는 것은 두말할 나위도 없다.

이처럼 고릴라의 몸이 발달한 것이나 침팬지의 고환이 발달한 것은 혼인형태를 살펴봄으로써 설명이 가능하다. 그렇다면 인간

뇌의 발달도 마찬가지 관점에서 설명해도 좋지 않을까. 뇌의 발달은 인간의 혼인 형태, 그 특이성에서 비롯한 것이라고.

인간의 진화 과정에서 우리 조상이 어떤 혼인 형태를 취했는지는 거의 알 수 없다. 사람의 뼈를 발굴해서 알아낸 것이라곤 남자와 여자의 몸 크기에 어느 정도의 차이가 있었나 하는 점 등 극히 제한된 정보뿐이다. 그러나 현대 남자의 고환이 그리 발달하지 않았다는 점에서 알 수 있는 것은 적어도 침팬지와 같은 난혼 형태를 취하진 않았으리라는 점이다.

더욱이 인간은 일부일처제든 일부다처제든 수컷과 암컷이 함께 떠돌며 사는 영장류 전통의 생활양식을 버렸다. 남자는 사냥하고 여자는 집이나 그 주변에 머무는 새로운 생활양식을 확립했다. 그리고 그런 생활양식이 고릴라나 침팬지와는 다른 독자적인 것이었다는 점은 틀림없다.

사냥한다는 데 대해서는 우리 선배격인 육식 동물을 살펴봐도 인간과 같은 방식은 찾아볼 수 없다. 집단 사냥을 하는 늑대나 아프리카사냥개인 리카온은 수컷과 암컷이 함께 사냥한다. 그들의 집단은 팩(Pack)이라고 불리며 구성원은 부부와 그들의 새끼들이다. 여우나 너구리도 일부일처제 생활을 하고 부부가 함께 사냥한다. 사자는 두세 마리의 수컷과 3~12마리의 암컷, 몇 마리의 새끼로 이뤄진 '프라이드(Pride)'라는 집단을 만든다. 프라이드

내에서의 혼인은 난혼이다. 널리 알려져 있듯 사냥을 하는 것은 암컷들이다.

이렇게 보면 인류의 조상은 일찍이 어떤 동물도 택하지 않았던 대단히 독특한 생활양식을 채택해왔음을 알 수 있다. 부부는 때로는 함께 때로는 각각 행동한다.

남편은 아내의 정절을 믿고 사냥하러 나가고, 아내는 남편이 사냥에만 전념할 것이라고 믿고 전송한다. 집단 사냥에 나설 때는 남편의 동료들에게 감시를 부탁할지도 모른다. 도대체 그것이 얼마나 효과가 있을지는 알 수 없지만.

사냥하러 나간 남편들은 자신의 가족을 위해 열심히 일하지만 여유가 생기면 더 많은 자손을 남기기 위한 '과외활동'도 할 것이다. 그러고는 아무 일도 없었던 듯한 얼굴로 돌아온다. 그럴 때 사냥한 먹잇감이 약간 줄어 있을지도 모르지만 자신의 아이와 아내를 만족시킬 수 있다면 충분하다. '과외활동'의 상대인 여성이 미혼인지 기혼인지는 가리지 않는다. 특히 기혼자일 때는 뻐꾸기가 다른 둥지에 알을 낳는 것처럼 자신의 아이를 다른 사람이 대신 키워줄지도 모르는 것 아닌가.

남자가 '과외활동'에 성공하는 데는 능숙한 말솜씨로 어떻게 여자를 유혹하는지가 중요하다(언어는 이런 경우에 우선 필요하다). 또 그런 남자를 아버지로 해서 태어나는 자식들도 아버지로부터 물려받은 말솜씨로 크게 성공을 거둘 것이다. 이렇게 남자는 '설득' 능력을 진화시켜 왔다.

한편 아내는 남편이 바람피우는 것을 막을 수단을 생각하지 않으면 안 된다. 남편이 '과외활동'에 지나치게 열중하면 갖고 돌아오는 먹잇감이 줄어들 뿐만 아니라 최악의 경우에는 남편이 아예 돌아오지 않는 일조차 벌어질 수 있다.

그래서 아내들이 취한 대응책은 이웃 아줌마들과의 수다였다(언어는 이런 경우에도 필요하다). 가까이 사는 여자들끼리는 경쟁자로서 서로 견제하는 것이 아니라 정보 제공자로서 동맹을 맺는 것이다. "누가 언제 어디서 무엇을 했다" "여느 때와는 다른 방향으로 갔다" "그 사람은 요즘 차림새가 멋있어졌다"는 등의 허튼소리 같은 대화야말로 남편의 불륜을 발견하는 실마리가 된다. 또 이렇게 관찰하는 눈은 남자에게뿐만 아니라 여자에게도 겨누어진다. 특히 새로 이사 온 젊은 여자에 대해서는 무서우리만큼 엄격해진다.

여자들은 길에서 사람을 만나거나 하면 무의식적으로 "어디가?" 하고 묻고 싶어한다. 그것이 여기서 기인한 것 아닐까. 또 여자가 다른 사람의 옷차림새 등을 관찰하는 데 열심인 것도 '그런 사소하고 하찮은 것에만 관심이 있을 뿐 정치 동향 따위에 무관심해서'가 아니라 '남편의 동향'에 날카로운 촉각을 곤두세우도록 진화해온 결과일 뿐이다.

여자는 남편의 바람을 막는 한편으로 자신도 시시껄렁한 남자에게 속지 않도록 조심하지 않으면 안 된다. 이는 미혼 여성에게 더욱 중대한 문제이다. 기혼 여성은 불륜의 결과로 태어난 아이를 잘만 하면 남편의 눈을 속이고 키울 수도 있다. 하지만 상대방 남자의 협력을 기대할 수 없는 미혼녀는 불리한 조건에서 아이를 키워야 한다. 바로 그렇기 때문에 대부분의 사회에서 미혼모는 엄격하게 단속되고 딸들도 그런 불행한 처지에 빠지지 않도록 스스로를 경계한다. 그 결과 그녀들은 주의해야 할 남자를 구별하는 법 또는 실제로 '지명 수배중'인 나쁜 남자에 관한 정보 교환을 위해 밤낮없이 수다를 떠는 데 열중한다.

이렇게 혼인을 둘러싼 여러 가지 경우 때문에 남자에게도 여자에게도 언어가 필요해졌다. 인간은 언어로 승부하는 동물이다. 나는 언어의 필요성이 뇌를 발달시키고, 인간을 인간답게 한 최대의 원동력이라고 생각한다. 인간을 진화시킨 부분이 몸집이나 고환이 아니라 우연하게도 뇌였던 것이다.

이과계 남자들의
생존 전략

남자는 여자를 설득하기 위해 언어 능력을 진화시켰고 여자는 남자에 대한 정보를 교환하기 위해 언어 능력을 진화시켰다. 현대에도 여자가 수다와 소문을 좋아하는 데는 변함이 없다. 그리고 남자는 여자를 설득할 때 필요한 능숙한 말솜씨를 사회생활에 응용하고 있다. 세일즈, 사회자, 연예인, 정치가, CEO 등은 모두 능란한 화술이 결정적인 역할을 하는 분야다. 즉 여자를 설득하는 능력과 인간을 상대로 하는 여러 가지 직업에서 말을 자유자재로 구사하는 능력은 원래 동전의 양면이다. 그러나 현대에서는 그런 분야에서 성공을 거둔 남자가 사생활의 스캔들을 이유로 어렵게 구축한 지위까지 위태롭게 하는 사태가 자주 일어난다. 정말로 안타깝다고 할 수밖에 없다.

남자가 설득 능력을 발달시켰다고는 해도 모든 남자가 여자들에게 둘러싸여 지내는 것은 아니다. 말이 서툴러서 여자에게 어떻게 말을 걸면 좋을지 모르는 순진한 남자도 상당 비율 존재한다. 내가 오랫동안 다닌 교토대학 이학부 등도 바로 그런 남자들의 소굴이었다. 이런 남자들은 지금까지의 얘기로는 자손을 남기기 위한 경쟁에서 극히 불리할 수밖에 없다. 그런 결점에도 불구하고 그들이 오늘날 번영을 구가할 수 있는 것은 무엇 때문일까.

나는 일반적으로 인류 진화의 2대 요인으로 여겨지는 사냥과 전쟁을 보완적 요인 정도로 봐야 한다고 생각한다. 이번에는 사냥과 전쟁에 주의를 기울여보자. 말이 서툴러서 여자를 설득할 재간이 없는 남자는 실은 이 사냥과 전쟁을 통해 자손 번영의 길을 개척했던 것이다.

사냥 도구나 전쟁 무기를 잘 만드는 남자는 그 솜씨 덕분에 자신의 형제자매를 비롯한 혈족의 생존에 크게 이바지할 수 있다. 설사 자신이 자손을 남기지 않더라도 혈족이 자손을 남기면 유전자가 간접적으로 이어지는 것이다. 이런 과정은 진화생물학 분야에서는 '혈연도태' 라고 불리고 있고, 생물의 진화를 논할 때 소홀히 할 수 없는 중요한 개념의 하나이다. 이를 지적한 것은 영국의 W. D. 해밀턴이라는 사람으로 아무것도 아닌 것처럼 생각될지 모르지만 이 분야에서는 금세기 최대의 업적으로 평가되고 있다.

그런데 나는 지금까지 논했던 것과 거의 같은 내용을 『악어는 어떻게 서로 사랑을 속삭일까』에서 히다카 도시다카(日高敏隆) 씨와의 대담 부분에서 밝혔다. 나는 그때 그로부터 "작은 혈연 집단 사이의 전쟁에서는 그런 혈연도태가 일어날 수 있지만 국가 간의 전쟁처럼 커다란 집단 사이에서는 그렇게 되지 않는 것 아니냐"는 지적을 받았다.

무기 제조 능력이 뛰어난 남자는 자기 혈족에게만 이익을 주었다. 하지만 큰 집단이나 국가가 되면 전혀 모르는 다른 사람에게도 이익을 주게 된다. 결국 전쟁 이외의 장에서는 오히려 생존 경쟁의 상대가 된다. 그렇게 생각하면 그가 무기 제조 능력을 발휘하는 것은 혈족, 즉 자신의 유전자를 공유하는 사람뿐만 아니라 경쟁관계에 있는 타인까지도 유리하게 되어 결국 아무런 의미가 없지 않느냐는 논리이다.

히다카 씨의 지적에 대해, 집단의 이익과 결부돼 있으므로 그런 자기 중심적인 말은 안 하는 게 좋지 않을까 하고 생각할지도 모른다. 그러나 그런 전체주의적인 집단 이익 운운하는 사고방식은 진화생물학 분야에서는 명백한 오류로 밝혀졌다. 어디까지나 개체나 유전자의 이익으로 되돌아오지 않고서는 의미가 없다. 나는 이런 남자도 어디까지나 혈족에게 도움이 될 수 있다고 생각한다.

뛰어난 과학자나 발명가는 국가에 중용돼 높은 신분이나 고액의 보수를 받는 등 여러 가지 면에서 대우를 받는다. 또 그 유명한 인물의 혈족들도 한 핏줄이라는 명예는 물론이고 경제적 원조 등 직접적 혜택을 누릴 수 있다.

게다가 전쟁이 벌어지면 그런 우수한 두뇌를 지닌 인물은 특히 엄중한 보호를 받게 된다. 아인슈타인을 비롯한 유대인 과학자들은 나치의 압박을 피해 차례차례 미국 등지로 이주했다. 그들은 어디를 가든 크게 환영받았다. 더욱이 로켓의 아버지로 유명한 독일의 폰 브라운은 제2차 세계대전 중 잇달아 신형 로켓을 고안해 연합국 측에 위협을 가했다. 그런데도 세계대전이 끝나자마자 미 항공우주국(NASA)의 중심인물로 화려하게 활약하게 된다.

아인슈타인이나 폰 브라운만큼의 재능을 가진 사람은 아니더라도 무기 연구나 제조에 능력이 있는 사람, 기계공학 등의 전문 기술을 습득한 사람에게는 병역을 면제해주는 특전이 있다. 과거 일본에서 행해진 학도병 동원도 문과계 학생에 국한됐던 사실을 상기하면 될 것이다. 이 시대의 학생들 가운데는 병역을 기

피하기 위해 무리하게 이공계 대학에 진학한 사람도 있을 정도였다.

어쨌든 약간 경솔하게 말한다면, 전쟁은 이과계형 일족(여자를 설득하는 데 서툴지만 무기 제작 등에 재능을 지닌 남자—나는 이들을 이과계 남자라고 명명하고 있다—를 배출한 일족)에게 유리하게 작용하고, 그들에게 번영을 가져다주는 대단히 괜찮은 것이라고 생각할 수도 있다. 이과계 남자들에게 전쟁이란 다른 민족을 멸망시키거나 항복시키는 것뿐만 아니라 경우에 따라서는 주위의 경쟁자(문과계형 일족)를 무너뜨리는 절호의 기회이다. 설사 전쟁에 져서 다른 나라에 정복되더라도 이 일족은 전문기술을 살려 유리하게 살아남을 수도 있다. 즉 이과계 남자는 문과계 남자(말재주가 뛰어나고 바람피우는 데 정열을 쏟는 타입을 나는 이렇게 명명하고 있다)가 평화 시에 누렸던 몫을 전쟁을 통해 되찾아 세력을 만회할 수 있다.

히다카 씨가 대담에서 상당히 예리한 곳을 파고들어 지적했기 때문에 나도 일순 궁지에 몰렸음은 인정하지 않을 수 없다. 그러나 지금은 이과계 인간이 국가 등 대집단에서도 혈연도태에 의해 충분히 살아남았다고 확신하고 있다.

여담이지만 이과계가 병역 면제를 받기 위해서는 재능을 조기에 개화하지 않으면 안 된다. 즉 징병검사 연령이 될 때까지는 꽃

피어야 한다. 이것을 뒷받침하는 것으로서 이과계형 수재는 대개 조숙하다는 경향을 들 수 있다. 그들은 대개 어린 시절부터 비범한 재능을 발휘해 주위 사람을 놀라게 한 경험을 갖고 있다. 많은 과학자들의 최대 업적이 거의 예외 없이 20대, 늦어도 30대 전반에 이뤄진 일이었음을 생각해도 쉽게 알 수 있다. 노벨상을 탄 과학자들도 젊은 시절의 연구 덕분에 상을 받게 돼 오래전 연구가 재평가받은 데 대해 새로운 감회를 갖고 수상식장에 간다.

다시 인간 역사의 초기 단계로 되돌아가보자.

인간의 역사는 혈연집단이 함께 사냥을 하면서 시작됐다. 인간은 사냥 도구를 점점 더 발달시켰다. 그러나 그러면서 약간 곤란한 문제가 생겨난다. 사냥 도구의 발달로 먹을거리가 풍부해지면 인구가 계속 늘어나서 결국엔 사냥감이 씨가 마르거나 먹을거리가 부족해지게 마련이다.

이에 반해 사냥을 하는 동물로서는 선배라고 할 수 있는 늑대나 사자 등은 그런 문제가 없는 듯하다. 그들은 의외로 사냥에 서툴기 때문이다. 물론 진화 과정에서 사냥 기술을 더욱 진보시키려고 한다면 안 될 것도 없었을 것이다. 그러나 만약 그렇게 됐다면 어떤 일이 일어났을까. 자연의 균형이 무너져 마지막에는 스스로를 망치는 결과가 됐을 것이다. 늑대나 사자는 사냥에 능숙하지 않아서 오늘날까지 살아남은 것이다.

그러나 인간은 지나치게 사냥하는 데 익숙해지고 말았다. 아이러니컬하게도 사냥 도구를 만드는 기술은 그대로 전쟁 무기를 만드는 데 전용됐다. 사냥과 달리 전쟁은 그 기술이 오히려 인구 문제를 해결해준다.

분명히 농경이나 목축이 행해져 생산력이 비약적으로 높아졌을 때는 인구 문제가 평화적으로 해결됐을 것이다. 그러나 그것은 극히 한때에 지나지 않았다. 다시 인구 증가에 따른 먹을거리 부족이라는 악순환이 거듭됐다. 어쩌면 바로 그때 전례 없이 규모가 크고 조직적인 전쟁이 일어났을 것이다. 이과계 일족은 이런 전쟁이 일어났을 때 크게 이익을 보았음에 틀림없다.

그런데 만약 전쟁이 계속돼 이과계 남자에게만 유리하게 되면 어떤 일이 일어날까. 이과계 일족만 번성하고 문과계 일족은 빛을 볼 날이 없어지는 것일까. 분명히 전시 하에서 혼인 외의 성관계는 엄격하게 단속하는 게 보통이다. 만약 그렇지 않으면 사람들 사이에 향락적 분위기가 떠돌아 자기 나라를 지키려는 의식 또는 다른 나라를 침략하려는 야망이 꺾여버리기 때문이다. 그런 의미에서도 전시에는 문과계 남자가 활약할 만한 자리가 없어지기 쉽다.

그러나 세상일이란 그렇게 간단히 정리되는 법이 아니다. 지속적인 전쟁으로 이과계 남자가 너무 많이 늘어나면 이번에는 이과계 남자끼리의 경쟁이 치열해진다. 과학적 재능이 웬만해서는 우대받을 수 없고 병역 면제도 어려워질 것이다. 또 신용도가 높은 이과계 남자의 급증은 남자에 대한 여자의 경계심을 풀어 헤치는 효과가 있을지도 모른다. 이과계 남자는 성실하고 아내에게 충실하며 다른 여자에게 한눈 팔지 않는다. 남자들이란 대개 이렇다는 인식이 여자들 사이에 퍼지게 된다.

그렇게 되면 아연 힘이 솟는 것이 말재주가 좋은 문과계 남자들이다. 그들은 살랑살랑 여자를 꼬드겨 곳곳에서 성공을 거둘 것이다. 그렇게 되면 이번에는 문과계 남자의 자손이 늘어날 수밖에 없는데 역시 이 경우에도 지나치게 불어나면 과당경쟁이라는 덤이 따라붙는다. 여자는 다시 남자를 경계할 것이고 이과계 남자의 주가가 다시 올라간다. 이런 순환이 거듭된다. 결국 이론상으로는 이과계 남자와 문과계 남자의 수가 각각 유전자를 남기는 경쟁에서는 거의 호각을 이루는 선에서 평형에 도달하게 된다.

자손 경쟁에서의 전술이라는 것은 대단히 여러 가지 유형이 있을 것이다. 인간의 진화 과정에 대한 모의실험이 여기에 든 두 가지 타입만으로 끝날 리가 없다. 게다가 남자의 타입만을 문제 삼고 여자에 대해서는 전혀 언급하지 않은 데 대한 여성들의 비난의 소리가 막 들려오는 듯하다. 그러나 이 책을 끝까지 읽는다면 그런 불만이나 의문은 대부분 해결될 것이다. 지금까지 말한 것은 인간 진화를 대강 모의 실험해본 것이라고 생각해주길 바란다.

제2장
다양한 짝짓기 전략

목숨 걸고 교미하기

강한 곤충 베스트 10을 꼽을 때 개별 부문에서 반론의 여지 없이 1위를 차지할 것 같은 사마귀는 '곤충계의 고양이' '풀숲의 작은 사자'라고 불리는 사냥의 명수다(덧붙여 단체 부문 1위는 개미일 것이다. 개미는 철저하게 강하다. 사파리개미나 군대개미 등은 그 대집단이 지나간 길에 작은 동물의 '골격 표본'이 곳곳에 남을 정도로 무시무시하다).

사마귀는 한순간의 기술에 목숨을 거는 무예이다. 그런데도 인간들은 우스꽝스러운 놈이라고 마구 희롱하고 싶은 충동을 억누르지 못한다. 몸 앞에 두 손을 모은 '합장 자세'나 날개를 펼쳐 자신을 실제보다 크게 보이도록 하는 '위협 자세'가 포유류와 너무나 닮았기 때문이다. 더욱이 곤충으로서는 보기 드물게 머리가 삼각형이고 눈이 얼굴 앞에 붙어 있어서 묘하게도 인간 같은 친근감이 들기도 한다.

사마귀의 눈이 앞을 향해 붙어 있는 것은 사냥을 위해서이다. 우리 영장류의 경우에도 눈은 앞에 붙어 있지만 그것은 나무 위에서 생활하기 위한 필요성, 특히 이 나뭇가지에서 저 나뭇가지로 뛰어 옮겨갈 때 거리 감각이 필요해서 나타난 결과이다. 따라서 원래 사냥을 위한 것은 아니었다. 우리 조상이 '사냥하는 원숭이'가 된 것은 진화의 역사에서 보면 극히 최근의 일이다. 나무 위 생활에 적응하면서 갖게 된 두 눈으로 보는 능력은 나무에서 내려와 사냥을 하게 된 후에도 그대로 도움이 됐다. 앞을 향해 붙은 눈은 목표로 한 동물과의 거리를 정확히 파악할 수 있다. 그 동물이 자신의 뒤로 돌아오지 않는 한 눈을 좌우로 움직여 더욱 시야를 넓혀 사냥감과의 상대적 위치를 확인할 수 있다.

그러나 달아나는 데 모든 힘을 쏟아야 하는 토끼 등은 '두 눈으로 보기'에 따른 거리감각을 희생시키더라도 적의 존재를 발견하는 것이 우선이다. 그들은 가만히 앉아서도 거의 360도 범위를 시야에 넣을 수 있다.

사마귀는 곤충계에서는 왕자지만 우리 인간뿐만 아니라 움직이는 것이라면 무엇에나 흥미를 보이는 새끼 고양이에게조차 노리개가 될 위험성이 있다. 그래서 앞만 볼 수 있다는 결점을 보완하기 위해 때때로 상체를 일으켜 두리번거리거나 뒤돌아보는, 다소 위엄을 잃는 행동을 취할 수밖에 없다. 사람들은 사마귀의 이런 모습을 재미있어 한다.

사마귀가 사냥에 기울이는 노력은 엄청나다. 일본 사마귀는 녹색과 갈색의 두 가지가 있다. 어느 쪽이든 보호색으로서 뛰어난 기능을 한다. 게다가 대벌레만큼 완벽하진 않지만 가늘고 긴 몸도 풀과 나무에 몸을 숨기기에는 부족함이 없다. 또 날거나 뛰는 데 서툰 대신 꼼짝하지 않고 몇 시간이나 보낼 수 있다. 그리고 일단 사냥감을 발견하면 슬금슬금 은밀하게 다가가다가 눈치를 챌 것 같으면 딱 멈춘다. 이를 몇 번 반복하는 사이에 마침내 사냥감을 눈앞에 두게 되는데 사냥의 명수는 이때도 허둥대지 않는다. 침착하게 호기가 도래하기를 기다린다.

사마귀가 기다리는 호기란 사냥감이 움직이는 순간인 듯하다. 사마귀가 사냥감을 잡는 모양을 찍은 다큐멘터리를 슬로비디오로 보면 '낫'이 날아가 사냥감에 떨어지는 순간은 모두 사냥감의 일순간의 움직임에 재빨리 반응하는 때이다. 물론 '낫'의 움직임에 즉각 반응하는 사냥감의 워낙 빠른 움직임을 그렇게 착각하는 것이라고 생각할 수도 있다. 그러나 나는 다음과 같은 이유에서 그렇게 생각하지 않는다.

고양이나 족제비나 너구리 등의 동물이 쥐를 잡는 순간은 쉽사리 볼 수 없다. 언젠가 나는 연구실에서 각각의 동물 우리에 쥐를 집어넣고 잡아먹히는 순간을 캠코더로 찍는 약간 잔혹한 실험을 했다. 쥐는 위험을 느낄 때 모든 동작을 멈추고 마치 전신이 급속히 냉동된 것 같은 프리징(Freezing) 상태가 되는 일이 있다. 이때 포식자는 거기에 사냥감이 있는 것을 알면서도 공격하지 않는다. 또 공격할 수가 없다. 잠시 서로 노려보기가 계속되는데 만약 쥐가 조금이라도 움직이면 바로 그 순간에 포식자의 공격행동이 촉발된다.

'곤충계의 고양이'인 사마귀도 육식성 동물로서 비슷한 행동 패턴이 진화해왔을지 모른다.

생체공학 전문가인 독일의 H. 미텔슈테트는 사마귀의 공격행동의 메커니즘을 몇 가지 모델을 가정해 조사했다. 가정한 모델과 실제 동물의 행동을 비교 검토해서 모순점이나 불확실한 점을 발견하면 모델을 수정해가는 방법이다.

사마귀는 우선 사냥감의 방향과 두 눈의 중심축을 이루는 각이 될 수 있으면 작아지도록 목을 움직인다. 최대한 빨리 사냥감을 덮치기 위해서다. 그러나 이때 목만 움직이는 게 아니다. 사냥감에 대한 목의 굽은 방향과 몸의 방향이 어느 일정한 관계에 이를 때까지 몸을 서서히 움직인다. 그리고 나서야 마침내 '낫'같은 앞다리를 휘두른다.

그는 또 접착제로 목을 고정시킨 '목이 돌아가지 않는 사마귀'를 여러 종류 만들어 실험해보았다. 목이 정면을 향해 고정된 사마귀는 사냥감을 잡을 수 있었지만 목이 비뚤어져 고정된 사마귀는 가엾게도 평소의 실력을 전혀 발휘하지 못했다. 역시 목을 움직여 목과 몸이 어느 일정한 각도를 이루지 않으면 사냥이 불가능했다. 그들은 너무나 까다로운 사냥술을 짜낸 듯하다.

사마귀 암컷이 교미 도중에 수컷을 잡아먹는다는 얘기는 여자의 잔인함을 보여주는 예로서 싫증날 만큼 자주 인용돼왔다. 그럼 정말 모든 암컷이 교미 중에 수컷을 잡아먹을까. 미국의 K. D. 로더는 얇은날사마귀 암컷이 어떤 경우에 수컷을 잡아먹는지를 연구했다.

그에 따르면 암컷이 공복 상태로 수컷을 발견했을 때 잡아먹으려 한다. 암컷은 이 경우에 수컷을 사냥감으로 인식한다. 다만 수컷의 시력이 암컷보다 뛰어나 먼저 알아차린다. 수컷은 사냥감에 접근할 때처럼 암컷 뒤로 접근한다. 암컷이 뒤돌아보면 딱 멈춰서고, 그렇지 않을 때는 슬금슬금 다가가는 작전을 취한다. 그러나 암컷이 수컷을 쉽게 발견할 수 있는 작은 상자 속에 있거나 수컷의 눈을 보지 못하도록 했을 때는 작전을 펼 수 없다. 암컷이 아주 배가 부르지 않는 한 수컷은 이 잔혹한 실험의 희생자가 되고 만다.

온몸의 신경을 바짝 곤두세워 암컷에게 다가간 수컷은 마침내 암컷의 등에 뛰어오른다. 그 경우 수컷은 암컷에게 잡아먹히지 않으면서 교미할 수 있는 방법이 있다. 날개가 시작되는 부분의 옴폭 파인 곳에 앞다리를 딱 붙여 암컷의 몸에 단단히 들러붙는 것이다. 이 방법에 실패하면 최악의 경우 암컷의 먹이가 되고 만다. 또 교미를 끝낸 후 암컷의 등에서 내려오거나 도망갈 때도 물론 주의를 요한다. 사마귀 암컷은 애초에 교미라는 행위를 알고 있기나 한 것일까!

아무리 그래도 암컷의 공격성이 자신과 동종인 수컷에 대해서도 억제되지 않는 것은 무엇 때문일까. 사마귀와 함께 무서운 암컷의 예로서 자주 거론되는 북미의 포투리스 반딧불이도 이렇게 지독하진 않다.

포티누스 반딧불이 암컷은 점멸신호를 네 종류 이상 흉내를 낼 수 있다. 그 신호를 발견하고 "자, 출동" 하고 무턱대고 접근한 포티누스 수컷을 다짜고짜 잡아먹어 버린다.

그럼 동종의 수컷은 이런 무서운 암컷과 어떻게 교미를 하는 것일까. 그는 우선 종류가 다른 수컷의 신호로 깜박이면서 접근한다. 그리고 어느 정도 다가가면 자신의 종만이 가진 고유한 신호로 바꾸어 암컷에 동종임을 알린다. 복잡한 방법이다. 왜 처음부터 동종의 신호를 발하지 않는가 하는 의문도 솟는다. 요컨대 이 종의 암컷은 색욕보다는 식욕을 중요하게 여기기 때문이다. 동종의 수컷이 구애신호를 보내도 좀처럼 마음이 움직이지 않는 것이다.

사마귀의 경우 암컷은 다가온 곤충이 자신과 동종의 수컷임을 알아보는 기색조차도 찾아볼 수 없다. 뿐만 아니라 반드시 머리부터 덥석 물어버린다. 도대체 이 암컷은 어떤 속셈일까.

그러나 놀라운 것은 머리가 짓이겨져서, 보기만 해도 비참한 모습이 되었을 때야말로 수컷은 더할 나위 없는 행복을 느끼는 듯하다. 곤충에게 머리는 우리가 생각하는 만큼 중요한 부위가 아니기 때문이다. 가슴에서 배에 걸친 몸 마디마다 신경절이 있고 그것들은 뇌와는 독립된 사령권을 갖고 있다. 슬리퍼에 두들겨 맞은 바퀴벌레가 배에서 내장이 튀어 나왔는데도 더듬이나 다리를 움직여 "왜 깨끗이 체념하지 못하느냐"는 욕을 먹는 것도 이 때문이다.

머리가 씹혀 삼켜지는 수컷은 신경마디의 움직임이 뇌에 의한 억제로부터 해방돼 머리가 달려 있을 때보다 훨씬 더 활발하게 교미를 할 수 있다. 말하자면 뇌는 내버려두면 폭주하고 마는 각 신경마디에 적절한 절도를 가르쳐주는 억제기관이다. 실제로 심술궂은 연구자가 실험 삼아 사마귀 수컷의 머리를 잘라보았더니 암컷이라고 생각되는 것에는 무엇에나 달라붙어 교미하려고 했다고 한다. 왜 암컷은 수컷을 먹어치우고, 수컷은 잡아먹히도록 스스로를 방기할까.

머리를 잡아 먹히더라도 제대로 된 교미를 할 것인가, 다소 힘없는 교미를 하더라도 살아남아 다음 교미를 기약할 것인가. 수컷에게는 이 선택이 상당히 어렵다. 다만 자연계에서는 이런 비참한 사건이 함부로 일어나진 않는다고 한다.

암컷의 바람기
감시하기

잠자리는 왜 그런 모양으로 얽히는 것일까.

교미를 하려면 배 끝을 서로 붙이면 그만일 텐데 실로 까다로운 방법으로 얽힌다. 수컷은 배 끝에 파악(把握) 기관이 있어 그것으로 암컷의 목덜미를 잡는다. 그리고 암컷은 배를 휘청 구부려 그 끝을 수컷의 배가 시작되는 부분에 붙인다. 이런 식으로 도대체 교미가 가능하기나 할까. 나는 오랫동안 동물행동학을 공부하면서도 이 문제의 해답을 알지 못했다. 아주 최근에야 무거운 엉덩이를 들고 근본을 조사해보자는 생각이 들었다.

잠자리의 교미는 마치 요술 같다. 교미기관이 배의 끝에 있는 것은 다른 곤충과 다를 바 없지만 이 교미기관을 결합시켜 교미를 하는 것이 아니다. 수컷은 배가 시작되는 부분 아래에 '부(副)생식기(또는 보조교미기관)'라는 정자의 출장소가 있다. 요술은 바로 여기서 시작된다. 수컷은 배를 둥그렇게 구부려 끝을 부생식기에 결합시켜 거기에 정자를 옮겨둔다. 다음으로 배 끝에 있는 특수한 파악기관으로 암컷의 목을 붙잡으면 이번에는 암컷이 배를 구부려 끝을 수컷의 부생식기에 붙여 정자를 받는 식이다. 두 마리가 고리가 된 이 상태를 '차륜자세'라고도 하는데 배가 긴 잠자리나 할 수 있는 곡예이다.

이렇게 잠자리는 확실하게 정자를 건네준다. 그러나 왜 일부러 그런 까다로운 짓을 하는 것일까. 무슨 특별한 이유가 있는 것일까.

우선 생각해야 할 것은 잠자리가 사마귀와 마찬가지로 육식성 곤충이라는 점이다. 육식성 곤충은 교미 상대라 하더라도 포식자로 돌변하는 수가 있다. 그래서 사마귀 수컷은 암컷의 목을 잡고 올라탄다. 잠자리도 사정은 마찬가지 아닐까. 수컷은 배 끝에 있는 파악기관을 사용해 암컷의 목을 고정시켜 우선은 몸의 안전을 도모한다. 그리고 그 때문에 생기는 문제점은 부생식기라는 새로운 기관을 진화시키는 것으로 해결했다. 잠자리는 이런 식으로 불가사의한 얽힘 방식의 계기를 포착한 것인지도 모른다. 동시에 의외의 이점도 누리는 듯하다.

잠자리를 포함해 많은 곤충은 새 등의 포식자가 늘 노린다. 그 것은 물론 교미중에도 마찬가지이다. 그럴 때 바로 떨어져 암컷 과 수컷이 따로따로 도망가는 것이 생존 방법이다. 그러나 잠자 리 수컷은 욕심쟁이이다. 암컷과 결합한 채 도망간다. 그것은 '탠덤(Tandem 직렬) 비행' 이라는 비행법이다.

　나비 등은 교미할 때 배 끝이 연결된다. 한쪽이 날갯짓을 하고 다른 쪽이 매달려 있으면 날 수는 있더라도 나는 데는 아주 불리 하다. 그러나 잠자리는 '차륜자세' 가 돼 있어도 암컷이 배 끝을 부생식기에서 떼는 간단한 조작만으로 수컷과 암컷이 일렬로 연 결되어 곧바로 날아갈 수 있다. 더욱이 양자의 날개가 서로 방해 하지 않기 때문에 양쪽 다 날갯짓을 할 수 있고 방향전환도 자유 자재이다. 잠자리의 특수한 연결법에는 교미중의 포식자 대책이 라는 의미도 포함돼 있는 게 아닐까.

　포식자로 돌변할지도 모르는 암컷을 수컷이 들러붙어 누른다. 다른 포식자에게 발견되더라도 수컷은 암컷을 풀어주지 않고 이 어진 채 달아난다. 이것은 잠자리만이 가진 특이한 습성이다.

　그런데 잠자리가 연결돼 있는 것은 다른 이유도 있는 듯하다.

　잠자리 가운데는 교미가 끝나 암컷이 연못 등에 산란할 때까 지도 여전히 결합된 채로 있는 종류가 있다. 교미가 끝났는데 왜 얽혀 있을까 하는 문제는 지금까지도 의문이다.

그런가 하면 이런 종류도 있다. 교미가 끝나면 수컷이 암컷을 놓아주는데 놓아주는 것은 말뿐이다. 산란장 상공을 선회하거나 부근에 머물면서 암컷을 계속 감시한다. 그런 수컷은 혹시 다른 수컷이 암컷에게 날아오려고 하면 곧바로 요격해 쫓아버린다.

이시카와 현 농업단기대학 우에다 데쓰유키(上田哲行) 교수의 작은고추잠자리 연구는 이 문제에 아주 중요한 시사점을 던진다. 이 잠자리는 주위에 경쟁자가 많을 때는 연결된 채로 있지만 경쟁자가 적을 때는 암컷과 떨어져 가까이에서 감시의 눈을 번득이는 동시에 다른 암컷과 교미하려고 한다.

작은고추잠자리는 잠자리가 얽히는 진짜 이유를 공개했다. 원래 교미를 시작할 때부터 수컷이 암컷의 목을 계속 붙잡고 있는 것도 자신의 암컷이 다른 수컷과는 일절 교미하지 못하도록, 즉 암컷의 불륜을 막기 위한 것일 뿐이었다.

잠자리뿐만 아니라 곤충의 암컷을 수컷이 따라다니는 예는 많다. 그 이유는 곤충은 교미한다고 곧바로 수정을 하는 것이 아니기 때문이다. 암컷은 받아들인 정자를 우선 수정낭(오해를 부르기 쉬운 용어지만 단순히 정자를 받아들이는 주머니일 뿐 그 속에서 수정이 이뤄지는 것은 아니다)에 모아둔다. 그리고 산란 직전에야 비로소 정자를 꺼내 알을 수정시킨다. 따라서 만약 암컷이 여러 마리의 수컷과 교미를 했다면 어느 수컷을 아버지로 하는 새끼를 낳을지는 수정낭에서 펼쳐지는 정자끼리의 경쟁에 의해 뒤늦게 결정된다.

물잠자리의 일종은 수컷이 교미하면서 먼저 교미한 수컷의 정자를 긁어내고 자신의 정자를 넣는다고 한다. 이 종류의 물잠자리는 수컷의 생식기관에 주걱 모양의 특수한 부속물이 붙어 있다. 물잠자리 정도는 아니지만 곤충 가운데 암컷이 여러 마리의 수컷과 교미하는 경우, 나중에 교미하는 놈이 승자가 되는 게 통례인 것 같다.

영국의 G. A. 파커는 똥파리를 이용해 이 점을 철저하게 연구했다. 똥파리는 목초지 등에 사는데 소나 말이 똥을 누면 즉시 몰려든다. 먼저 도착하는 수컷들은 몇 분 뒤에 올 암컷을 놓고 격렬한 쟁탈전을 벌인다. 암컷이 단지 한 마리의 수컷과 교미한다면 모든 알은 그 수컷의 정자에 의해 수정될 것이다. 그럼 암컷이 두 마리의 수컷과 교미한 경우 앞의 수컷과 뒤의 수컷의 수정률에 어느 정도 차이가 있을까. 파커는 그 차이를 조사했다.

그에 따르면 나중에 교미한 수컷의 교미 시간이 100분 정도로 길면, 먼저 교미한 수컷의 정자를 완전히 밀어내고 암컷의 알을 모두 자신의 정자로 수정시킬 수 있다고 한다. 그러나 실제로는 그렇게 오래 교미하는 똥파리는 없다. 평균적인 교미시간은 40분 정도이다. 자세히 조사해보니 이 수치는 나중에 교미하는 수컷이 앞 수컷의 수정률을 20퍼센트 정도로 억제하고 나머지 80퍼센트를 수정할 수 있는 시간을 의미하는 것으로 밝혀졌다.

똥파리 수컷으로서는 귀중한 시간을 단지 한 마리의 암컷 때문에 낭비하는 것보다는 도중에 교미를 멈추고 다른 암컷을 찾아 교미하는 쪽이 보다 많은 자손을 남기는 방법일 것이라고 기대할 수 있다. 또 실제로 그렇기 때문에 40분이면(그들이 어떻게 시간을 재는지는 알 수 없지만) 교미를 끝내는 똥파리가 자손을 많이 남길 수 있다. 즉, 그들의 교미 시간에는 수컷이 되도록 많은 자손을 남길 수 있는 최적치가 있다. 바로 40분이다.

잠자리는 어떨까. 잠자리의 경우 암컷이 산란을 마칠 때까지 붙어 있는 수컷은 그동안에 다른 암컷과 교미할 수 없다. 단지 암컷 한 마리의 알을 모두 자신의 정자로 수정시킬 수 있을 뿐이다. 또 산란 장소에서 암컷을 놓아주고도 감시하는 수컷은 잘만 하면 임자가 있는 다른 암컷에게도 손을 댈 수가 있다. 다만 그 사이에 자신의 암컷이 자기와 똑같은 짓을 하려는 다른 수컷의 표적이 되지 않는다고는 단언할 수 없다. 바람기와 질투를 양립시키는 것은 역시 꽤나 어려운 모양이다.

교미 횟수보다
산란율 높이기

이른 봄 따스한 햇살을 받으며 날아다니는 배추흰나비를 처음 보았을 때 나비를 좋아하는 사람들은 기대로 가슴이 부푼다고 한다. 배추흰나비는 봄에 우화(羽化, 번데기가 날개 있는 자란 벌레가 되는 것)하는 나비 가운데 가장 빨리 모습을 드러낸다. 배추흰나비는 계절을 가장 먼저 알려준다.

배추흰나비의 수컷은 암컷 곁에 다가와 날개를 떨면서 구애한다. 두 마리가 배 끝을 서로 밀착시키면 교미는 순조롭게 진행된다. 그러나 때때로 암컷이 날개를 펼쳐 날개와 거의 수직에 가까운 각도로 배를 들어올리고 몸을 뒤집는 경우가 있다. 이것은 교미를 거부하는 자세이다. 수컷은 암컷이 이런 자세를 취하면 교미가 불가능해진다. 물리적으로 안 된다.

거부 방법은 나비 종류와 그때그때의 상황에 따라 다르다. 격렬하게 날개를 떨거나 막무가내로 도망치거나 하는 여러 가지 방법이 있지만 어쨌든 나비의 암컷이 교미를 거부하는 성질을 지닌 것만은 분명하다. 그 때문에 나비의 암컷은 한 번 교미를 하면 평생 다른 어떤 수컷과도 교미하지 않는 '정절녀'라는 신화가 만들어져서 그것이 사실인 것처럼 퍼지기도 했다.

최근 연구에 따르면 암컷은 한 번 교미를 하면 한동안 수컷의 구애를 받아들이지 않는다는 점이 사실이라고 한다. 그 때문인지 나비는 교미가 끝나면 상대 수컷이 졸졸 따라다니지 않는다. 산란에 이르기까지 계속 수컷의 감시를 받는 잠자리 암컷에 비해 상당한 신뢰를 받고 있는 것이다.

그럼 암컷이 아주 멋진 수컷만을 상대하느냐 하면 꼭 그런 것도 아니다. 우화하고 나서 처음으로 자신을 발견한 수컷의 구애를 아주 간단히 받아들인다. 그 후 어떻게 행동하느냐는 나비의 종류에 따라 다르다. 하지만 적어도 며칠 동안은 교미를 거부하면서 산란을 끝내고 난 뒤 다시 다른 수컷과 교미하는 유형이 많다.

암컷의 교미 거부는 이미 교미한 수컷으로서는 반가운 일일지도 모르지만 다른 수컷에게는 괴로운 일이다. 곤충의 교미는,

잠자리의 예에서 보았듯, 계속해서 교미한다면 나중에 하는 놈이 승자가 되기 때문이다. 그럼 수컷으로서는 어떻게 행동하는 것이 가장 좋을까. 그것은 바로 우화하여 아직 교미하지 않은 암컷을 가장 먼저 발견해 교미하는 것이다. 수컷은 몇 번이고 교미할 수 있으므로 아직 교미하지 않은 암컷을 많이 발견하면 발견할수록 자신의 자손을 많이 남길 수 있다. 이런 사정 때문에 아직 교미하지 않은 암컷을 둘러싼 수컷끼리의 경쟁은 극히 치열하다.

어떻게 다른 수컷보다 한발 앞서갈까. 이 문제에 대해 배추흰나비 수컷들이 하나같이 택한 방법은 '일찍 일어나기'와 '근면'이다. 그들은 막 우화한 암컷을 찾아 이른 아침부터 배추 밭을 바쁘게 날아다닌다. 그러나 옛날 농민들처럼 아직 해도 뜨지 않았는데 벌써 밭에 나가는 따위의 터무니없는 짓을 하진 않는다. 해가 뜨지 않으면 암컷을 찾을 수 없기 때문이다.

배추흰나비 암컷과 수컷은 우리 눈에는 둘 다 흰나비이다. 날고 있는 것만 봐서는 수컷인지 암컷인지 구별하기 어렵다. 그러나 구체적인 세계조차도 보는 주체에 따라 완전히 다른 세계로 보인다는 점을 나비는 가르쳐준다.

나비는 인간이 보지 못하는 자외선을 볼 수 있다. 태양의 자외선은 암컷의 날개에서는 잘 반사되지만 수컷의 날개에서는 대부분 흡수돼버린다. 만약 우리가 나비와 마찬가지로 자외선을 볼 수 있다면 암컷의 날개와 수컷의 날개는 다른 색으로 보여 쉽게 구별할 수 있을 것이다. 배추흰나비 수컷은 자외선을 흡수하는 물체에는 눈길을 주지 않는다. 자외선을 잘 반사하는 물체에만 주의를 기울이며 날아다닌다. 그 맹렬한 모습을 비유하자면, 자외선을 반사하는 종이 쪼가리에 들러붙어 교미를 하려고 할 정도이다.

자외선 반사에 의지해 암컷을 찾는 방법은 자외선 없이는 불가능하다. 비가 올 때는 말할 것도 없고 태양의 자외선이 구름에 가려진 흐린 날에도 암컷을 발견할 수 없다. 그런 날에는 조급한 마음을 억누르면서 기다릴 수밖에 없는 수컷이 풀숲 여기저기에 머물고 있는 모습을 볼 수 있다.

그런데 일반적으로 암컷이 많은 수컷과 교미한다고 하더라도 낳는 알의 수가 늘어나는 것은 아니다. 따라서 암컷이 많은 수컷과 교미해도 의미가 없는 게 아닐까 하는 생각을 할 수 있겠지만 그것은 속단이다. 암컷은 많은 수컷과 교미함으로써 다양한 자손을 남길 수 있다. 이것은 아주 커다란 의미를 지닌다. 얘기가 조금 빗나가지만 먼저 이에 대한 다음 설명을 보기로 하자.

각각의 생물에는 큰 체구의 포식자로부터 박테리아나 바이러스에 이르는 미생물까지 여러 천적이 있다. 귀찮은 것은 이런 천적 자체가 표적으로 삼는 생물을 능숙하게 공격할 수 있도록 놀라운 기세로 진화한다는 점이다. 따라서 지금은 공격을 피할 수 있다고 해도 안심할 수 없다. 언제 다시 새로운 수법의 전략을 준비해 공격해 올지 알 수 없기 때문이다. 그 경우 대책은 자손을 많이 퍼뜨려 수로써 천적으로부터의 피해를 줄이는 것이다. 천적에게 희생되는 개체보다 살아남는 개체가 많으면 그만이다. 무성생식을 하는 생물은 이 방법으로 살아남아 왔다.

반면 유성생식을 하는 생물은 유전자를 뒤섞어 되도록 다양한 자손을 남기는 방법으로 천적과 싸워왔다. 천적이 진화해서 공격을 해오더라도 다양한 자손 가운데는 그것을 잘 피하는 놈이 있게 마련이다. 즉 무성생식은 양으로써 승부하는 방법인 데 비해 유성생식은 질로써 승부하는 방법임을 알 수 있다. 원래 '성'이란 천적 가운데서도 특히 변신이 재빠른 바이러스에 대한 대응책으로서 발명된 것이라는 말까지 있다.

이렇게 보면 암컷의 바람기는 다양한 자손을 남기는 것을 의미하기 때문에 크게 장려할 만하다는 결론에 도달한다. 그렇다면 잠자리에서는 찾아볼 수 없었던 교미 거부가 나비에게는 왜 있는 것일까.

교미중의 잠자리가 차륜비행이라는 절묘한 아이디어를 짜냈다는 것은 이미 밝힌 바 있다. 잠자리는 교미중에도 나는 데는 지장이 없다.

　나비의 교미는 수컷과 암컷이 서로 배 끝을 단단히 마주 붙여 반대방향을 보면서 이루어진다. 교미를 하면서 날기도 하지만 그때는 한쪽이 날갯짓을 하면 다른 쪽은 그냥 매달리게 된다. 암컷과 수컷 중 어느 쪽이 날갯짓을 하는지는 나비 종류에 따라 다르지만, 양쪽 다 날갯짓을 하는 것은 몸에 비해 현저하게 커다란 날개를 지닌 비행물체로서는 무리이다.

　즉 잠자리와는 달리 나비에게는 교미 중의 무방비 상태에 대한 결정적 대책이 없다. 꼼짝 않고 있는 것 외에는 다른 도리가 없다. 그래서 암컷 나비는 교미는 되도록 적게 하고 산란하는 데 에너지를 투입하는 것이 제일 좋은 방법이라고 여겨진다. 교미 거부는 암컷 쪽의 필요성에서 나온 '거부권'이라고 생각해도 좋을 것이다.

　그렇지만 나비 암컷도 사실은 바람을 피우고 싶어한다는 점을 보여주는 증거가 있다.

　남미에 사는 붉은줄독나비는 검은 바탕에 그 이름대로 빨간 줄이 나 있는 현란한 디자인을 하고 있다. 헨리 W. 베츠를 원조로 하는 의태 및 경고색 연구 분야에서 엄청난 공헌을 해온 나비이기도 하다. 이 나비에 대해 가장 주목할 만한 것은 교미를 마친 암컷이 독특한 냄새를 풍긴다는 점이다. 이것은 수컷이 암컷 체내에 남긴 냄새로 놀랍게도 다른 수컷에게는 '성욕 감퇴제'로 작용한다. 아쉽게도 이에 대한 자세한 연구는 없다. 다만 수컷이 교미를 마친 뒤 냄새를 남기지 않고 떠날 경우, 암컷은 다른 수컷과 마구 교미할 것이라고 충분히 예상할 수 있다. 즉 수컷은 암컷이 바람피우지 못하도록 이 냄새를 남기는 것이다.

붉은줄독나비 암컷이 바람피우는 것은 무엇 때문일까. 그것은 이 나비가 대단히 맛없는 나비여서 새를 비롯한 포식자의 습격을 받을 위험이 적다는 것과 관계가 있는 듯하다. 즉, 붉은줄독나비는 교미 중에 포식자의 습격을 받을지도 모른다는 걱정에서 해방돼 있다.

화려한 색채는 포식자에게 '먹으면 위험하다'는 것을 알리는 경고색이다. 화려하고 단순한 디자인일수록 포식자에 대해 선전 효과가 크고 빨리 기억될 수 있다. 그렇게 되면 포식자가 완전히 학습할 때까지 희생되는 동료의 수도 최소한으로 줄일 수 있을 것이다.

우리와 친숙한 나비들도 포식자의 위협으로부터 해방돼 붉은 줄독나비처럼 유유히 날아다닐 수 있는 날이 올까. 그렇게 되면 차례차례 나타나는 수컷의 구애를 계속 거절하는 암컷 따위는 존재할 리가 없다는 생각이 든다.

짝짓기 선물로 유혹하기

동물행동 연구자는 동물이 우리 눈을 의심할 만큼 이상한 행동을 할 경우 어떻게든 그것을 부정하려고 할 것이다. "저건 우연일 거야, 아니 어쩌면 내가 꿈을 꾸고 있는 건지도 몰라" 하고. 그러나 그 후 몇 번이고 같은 행동을 관찰해 마침내 이건 진짜라고 깨달았을 때 그 기쁨과 불안은 어느 정도일까. 아쉽게도 나는 연구자로서 그런 행복한 생각에 젖어보지 못했다.

이번에 소개하는 각다귀붙이(Bittacus mastrille)는 뇌가 엄청 작은데도 놀라우리만큼 복잡한 전략적 행동을 취할 수 있다는 점을 설명하기 위해 자주 거론되는 곤충이다.

미국의 R. 선힐이 각다귀붙이에 흥미를 갖고 본격적인 연구를 시작한 것은 이 곤충의 기상천외한 행동 때문이기도 하지만 꼭 그것 때문만은 아니다. 각다귀붙이의 짝짓기 방식은 찰스 다윈이 100여 년 전에 제창한 "수컷의 형태와 행동의 진화에는 암컷의 선택이 커다란 역할을 한다"는 성도태설을 검증하는 데 가장 적합하다고 생각했기 때문이다.

각다귀붙이는 풀숲 등에 사는 육식성 곤충으로 파리, 진딧물, 각다귀(!) 등을 잡아먹는다. 먹는다고 하지만 입에 물고 우적우적 씹어 먹는 게 아니다. 사냥감의 몸에 예리한 입 대롱을 박아넣고 소화액을 주입해 내용물이 부드럽게 되면 빨아먹는다. 이것은 각다귀붙이가 강한 턱을 갖고 있지 않으면서도 소화액이라는 화학무기를 갖춤으로써 아주 강한 곤충이 될 수 있었음을 의미한다.

물론 강하다는 것은 아주 좋다. 하지만 사마귀의 예에서 보았듯 공격력이 뛰어난 육식성 곤충에게는 수컷과 암컷이 만날 때 반드시 문제가 생긴다. 암컷이 공복 상태라면 수컷을 먹잇감으로 인식할 수 있기 때문이다. 다만 사마귀의 경우에는 설사 수컷이 암컷에게 머리가 먹히면서도 그것은 또 그것대로 오히려 완전한 교미를 하는 데 도움이 된다. 그러나 각다귀붙이의 경우에는 그렇지 않다. 소화액이 주입되면 교미는커녕 그 자리에서 바로 죽어버린다.

결국 이 곤충은 수컷이 암컷의 입막음용으로 파리 등을 선물해 암컷이 그것을 먹고 있는 사이에 교미하려고 하는 행동이 진화했다. 흔히 '짝짓기 선물'이라고 부른다. 이 경우에는 단순한 구애 목적에서가 아니라 자신이 살아남아야 하는 다급한 상황에서 유래했다는 점이 재미있다.

수컷은 선물용 먹잇감을 잡고는 작은 나뭇가지 등에 매달린다. 그와 동시에 복부에서 성 페로몬을 분비하기 시작한다. 곧 암컷이 찾아오는데 그녀는 우선 수컷과 마주보고 같은 모양으로 매달리는 자세를 취한다. 그러고는 선물을 움켜잡아 바로 맛보려고 한다. 하지만 수컷은 그렇게 간단히 선물을 내주지 않는다. 양자는 선물을 사이에 두고 마치 오오카사바키(大岡裁)[2]에서 친모와 계모가 아이를 두고 다투듯 먹잇감을 서로 잡아당기는 장면을 연출한다. 그러는 사이에 수컷이 배를 구부려 교미하려고 한다. 그러나 이때 암컷은 곤충의 암컷이 흔히 그러하듯 교미를 거부하는 일이 있다. 각다귀붙이의 경우, 그 이유는 대부분 선물이 너무 작다든가 맛없기 때문인 듯하다.

암컷은 선물이 마음에 들면 20분 또는 그 이상의 긴 시간에 걸

---

2. 에도(江戸)시대 중기의 명재판관 오오카 에치젠노카미(大岡越前守)의 인정미 넘치는 명재판을 소재로 한 야담. 아이를 서로 제 아이라고 주장하는 친모와 계모 사이의 다툼을 슬기롭게 해결하는 내용이 들어 있어 일본판 '솔로몬의 지혜'로 자주 인용된다.

쳐 교미를 허락한다. 그러나 단 5분 정도로 교미를 끝내는 일도 자주 일어난다. 이것은 교미를 받아들였다고 보기에는 너무 짧은 시간이고 거부했다고 보기에는 너무 길다. 참으로 어중간하고 이상한 시간이다. 선물이 크든가 작든가, 맛있거나 맛없거나 하는 문제라면 금방 알 수 있는 것 아닌가. 그 수수께끼는 선힐의 다음 실험에 의해 밝혀졌다.

그는 수컷의 정자가 암컷의 수정낭에 언제 넘겨지는가를 조사하기 위해 처녀 암컷을 60마리 이상 준비했다. 그리고 각 암컷의 교미 시간을 1분에서 39분까지 1분 간격으로 구별해서 교미를 시켰다. 그 결과 5분까지는 전혀 정자를 넘겨주지 못했지만 그 이후 20분까지는 교미 시간에 비례해 넘겨주는 정자의 수가 늘어났다. 그리고 20분이 넘으면 그 수가 한계에 이르러 길게 교미해도 아무런 의미가 없었다.

이로써 암컷에게는 5분도 안 걸리는 교미가 정자의 이동은 없는, 즉 그 수컷의 새끼를 낳지 못한다는 점이 밝혀졌다. "빈약한 먹잇감밖에 잡지 못하는 변변치 못한 수컷의 새끼 따위는 낳고 싶지 않다. 그러나 선물은 매력적이다. 먹을 수 있을 때까지 먹어주마." 5분이라는 시간은 암컷의 이런 두 가지 희망을 모두 만족시키는 한계인 것이다.

한편 선물이 만족스러워 20분 이상 교미가 계속되는 경우 암컷은 그 후 4시간 동안 다른 어떤 수컷과도 교미하지 않고 수정란을 낳는 데 전념한다. 그래도 이때 낳는 알은 단지 3개에 지나지 않는 절묘한 절약정신을 발휘한다. 수컷의 구애에 대해 충분한 교미 시간을 갖고 응했다면 더 많은 알을 낳아도 될 터인데 말이다.

그러나 암컷이란 그렇지 않은 모양이다. 나비의 예에서 설명했듯 되도록이면 여러 수컷과 교미해 다양한 자손을 남기고 싶어한다. 그만큼 현실은 혹독하다. 나비의 경우, 교미 중에 포식자의 습격을 받을 위험이 있어서 암컷은 어쩔 수 없이 교미 횟수를 줄일 수밖에 없다. 잠자리는 잠자리대로 포식자 대책 겸 불륜 방지용의 차륜비행을 하기 때문에 암컷은 수컷에게 목덜미를 눌린 채 교미해야 한다.

그러나 각다귀붙이는 덤불에서 살기 때문에 좀체 새를 비롯한 포식자에게 발견되지 않는다. 따라서 암컷은 포식자를 염려해서 교미 횟수를 제한하는 일도 없고 교미하는 데 수컷에게 속박받는 일도 없다. 오히려 알을 조금씩만 낳고 그만큼 교미 횟수를 늘리면 수컷으로부터 선물을 더 많이 받을 수 있다. 게다가 이는 단지 사냥 시간을 절약하는 데 그치지 않는다.

각다귀붙이에게 최대의 위협이 되는 것은 거미가 설치한 덫이다. 사냥에 너무 열중하다가 잔가지와 잔가지, 잎사귀와 잎사귀

사이에 주의를 게을리 하면 어느 틈엔가 먹잇감이 돼버린다. 암컷에게 가져오는 수컷의 선물은 사냥에 따르는 위험을 덜어주는 고마운 진상품이기도 하다.

각다귀붙이 암컷은 나비나 잠자리 암컷이 보자면 부러워 죽을 정도의 우아한 삶을 누리는 셈이다. 여하튼 수컷을 이용할 만큼 이용한 끝에 작은 먹잇감밖에 잡지 못하는 수컷의 새끼를 낳는 것은 깨끗이 거부할 수 있기 때문이다.

암컷이 수컷의 능력을 엄격하게 평가하고 수컷을 철저하게 이용하는 것은 어찌 보면 암컷의 일방적인 이익 추구처럼 생각된다. 그러나 암컷의 생존이 보장된다는 것은 바꿔 말해 수정란의 생존이 보장되는 것이기도 하다. 게다가 수컷의 사냥 능력을 엄격하게 평가하면 그만큼 뛰어난 자손을 남기게 될 것이다. 이 곤충에 대해 우리가 이해해야 할 것은 바로 이 점이다.

그런데 지금까지 수컷의 행동에 대해서는 별로 언급하지 않았다. 이대로라면 수컷은 암컷에게 착취만 당하는 불쌍한 존재로 오해받을지도 모른다.

암컷은 생색만 내는 짧은 교미를 끝낸 후 선물을 속여서 빼앗으려고 할 수 있다. 그러나 수컷이라고 그렇게 호락호락하게 당하진 않는다. 그런 암컷의 속임수를 차단하고 선물을 차지하지 못하도록 한다. 게다가 크고 멋진 선물을 손에 넣었을 때는 같은 선물로 여러 마리의 암컷을 상대하는 일도 있다. 수컷도 암컷에 당하고 버림받기만 하는 것이 아니라 제법 다부진 일면을 보여준다. 그러나 각다귀붙이 수컷의 진정한 강점은 암컷과의 흥정에서가 아니라 오히려 수컷들 사이에서 발휘된다고 보아야 한다.

그 첫 번째가 낚아채기이다. 낚아채는 것은 물론 암컷에게 줄 선물이다. 표적으로 삼은 수컷이 암컷과 한창 교미하고 있을 때 선물을 가로채려고 한다. 그때가 가장 좋은 기회이기 때문이다. 인간세상의 선악 기준을 유보하면 낚아채기는 커다란 먹잇감을 잡는 데 들이는 엄청난 에너지를 절약할 수 있는 대단히 편리한 방법이다. 곤충의 세계에서 징벌이란 없으므로 이때는 일을 저지르는 쪽이 이긴다.

다만 이렇게 정도를 벗어나 교활한 삶의 방식을 취하는 놈은 대체로 다수파가 아니다. 낚아채기가 성행하면 정공법을 취하는 놈들이 줄어든다. 이는 결국 낚아채기의 대상이 줄어드는 것을 의미하므로 낚아채기는 일정 비율 이상으로는 늘지 않는 이치이다. 낚아채기의 성공률은 겨우 10퍼센트 정도라고 한다.

수컷의 낚아채기든 암컷의 선물값 매기기이든, 이런 행동이 그들의 뇌에 입력되는 진화 과정은 그렇게 복잡하진 않았을 것이다. 그러나 각다귀붙이를 일약 유명하게 만든 다음의 행동에 이르러서는 조물주의 존재를 인정하기에 충분한 것이 아닐까 하는 생각이 든다.

각다귀붙이의 수컷과 암컷은 바깥에서 봤을 때 대단히 비슷하다. 그러나 나는 모양은 아주 다르다. 알의 무게 때문에 암컷은 천천히 직선을 그리며 날지만 수컷은 재빠르게 자유자재로 방향을 바꾸며 난다. 여기서 조물주는 암컷의 나는 방법을 흉내내 암컷이 찾아오기를 기다리는 다른 수컷에게 접근하는 행동을 수컷의 뇌에 입력시켰다.

이 수컷은 육체적으로는 진정한 수컷이다. 따라서 페로몬에 이끌려 접근할 리는 없다. 그는 선물을 정성껏 마련한 수컷을 찾아 그것을 빼앗을 목적으로 접근하는 것이다. 그는 상대와 서로 마주 보고서도 계속 암컷 흉내를 내 '선물값 매기기' 절차까지도 행한다. 더욱이 경우에 따라서는 교미에 응하는 흉내까지 낸다. 이렇게 상대방의 허점을 노려 먹잇감을 빼앗아 달아나는 것이다. 이 방법을 쓰면 단순한 '낚아채기'보다 훨씬 더 높은 확률로 성공을 거둘 수 있다. 그것도 역시 하고 수긍할 만한 멋진 전략이 아닐까.

그럼 이 수컷이 '게이'나 '호모'인가 하면 천만의 얘기이다. 마음까지 암컷이 되려는 게 아니므로 그렇게 볼 수는 없다. 영어로 '암컷 흉내 전략(Female Mimicking Strategy)'이라고 하는데 일본말로는 '오야마(女形)[3] 전략'이다. 정말 좋은 말이다.

---

3. 남녀의 모든 역할을 남자 배우가 맡는 일본 전통극 가부키(歌舞伎)에서 여장을 하고 여자 역할을 하는 배우를 가리킨다. '온나가타'라고도 부른다.

새끼를 돌보는 수컷

그 어떤 여성 해방론자도 육아가 여자 몫이라는 주장에 반론을 제기하지 못했다. 물론 가장 큰 이유는 여자만이 수유 능력이 있기 때문이다. 생각해보면 1억 년이 넘는 포유류의 진화사에서 땅굴을 파는 두더지로부터 하늘을 나는 박쥐나 바다의 고래에 이르기까지 실로 다양한 동물이 출현했다. 그런데도 왜 지금까지 젖을 먹이는 수컷이 나오지 않았는지 이상한 일이다. 그러나 지금까지 그랬듯 남자나 다른 포유류의 수컷이 수유 능력을 갖는다는 것은 앞으로의 진화사에서도 도저히 실현될 것 같지 않다.

포유류 이외의 동물로 눈을 돌리면 암컷만이 새끼(또는 알)를 돌보도록 한정돼 있는 것은 아니다. 오히려 암컷이 수컷에게 새끼를 억지로 떠넘기는 예조차 그리 드물지만은 않다. 알락도요의 암컷은 알을 낳으면 알 품는 일을 수컷에게 맡기고 자신은 재빨리 다른 수컷에게로 가버린다. 게다가 물자라(물장군 비슷한 수서곤충) 암컷은 수컷의 등에 알을 낳고는 모른 체한다. 수컷은 어쩔 수 없이 알을 돌보기 시작하는데 등위의 알이 바짝 말라버리지 않도록 신경을 써가며 바람을 쏘이는 등 정신이 없다. 또 독개구리 수컷도 올챙이를 업어 기르고, 해마 수컷은 배에 육아용 주머니가 있어서 암컷이 낳은 알을 부화시켜 난산을 거친 끝에 치어를 세상에 내보낸다. 영화 「크레이머 대 크레이머」의 소재로 삼을 만한 이야기는 얼마든지 있다.

이상한 것은 왜 이런 동물은 수컷이 새끼 키우기에 열성적인가 하는 점이다. 특히 어류는 수컷이 알을 돌보는 게 상식이라고까지 할 수 있다. 물론 참치나 정어리와 같이 알을 돌보지는 않지만 알을 많이 낳아 개체수로 자손을 퍼뜨리려는 어류가 전체적으로 보아서는 다수파를 차지한다. 다만 낳는 알이 적은 대신 알을 열심히 돌보는 경우는 수컷이 압도적으로 많다. 실은 이 문제로 과거에 격론이 벌어졌고 지금도 논란이 되고 있다.

우선 암컷이 알을 낳고 그 위에 수컷이 정자를 뿌리는, 즉 체외수정을 하는 물고기는 먼저 일을 마친 암컷이 도망가버리기 때문에 뒤에 남은 수컷이 어쩔 수 없이 알을 보살필 수밖에 없다는 '배우자 방출 순서설'이 있다. 이 설을 제창한 중심 인물은 동물행동학의 젊은 슈퍼스타이자 『이기적 유전자』의 저자로 유명한 리처드 도킨스이다.

그에게는 많은 신봉자가 있다. 의태 연구로 유명한 독일의 볼프강 비클러와 같은 대가 역시 그를 지지하기도 해서 한때 이 설은 크게 유행했다. 그러나 "고기의 종류에 따라서는 수컷이 암컷의 산란과 동시에 정자를 방출하는 예도 있고, 수컷이 암컷보다도 먼저 정자를 뿌리는 예까지 있다. 그런 경우에도 알을 돌보는 것은 여전히 수컷 쪽일까" 하는 반론이 있자 그 대단한 도킨스조차도 자신의 가설을 철회하지 않을 수 없었다.

또 수컷이 영역을 갖고 있고 거기로 암컷을 꼬드겨서 알을 낳게 하는 경우에는 영역의 소유자인 수컷이 영역 내의 알에 대해 보다 밀접한 관계를 갖는 것이 당연하다는 '근접도설'이 있다.

한편 물속에서 알을 수정시키기 위해서는 정자를 대량으로 뿌리지 않으면 안 된다. 그 때문에 수컷은 정소를 발달시키는 엄청난 투자를 한다. 그렇다면 당연히 알 돌보기를 남에게 맡길 수 없다는 '거대정소설'도 있다.

그런가 하면 암컷은 알을 낳는 데 힘을 다 써버려 알을 돌볼 여력이 없어서 어쩔 수 없이 그것을 수컷에게 맡긴다는 '산후피로

설(이건 내가 붙인 이름이다)'도 있다.

이렇게 갖가지 가설이 나와서 논쟁을 일으키고, 각각 이런저런 문제점이 있다는 게 지적됐지만 그 가운데 가장 그럴듯하다고 생각하는 것은 다음에 소개하는 '부성 신뢰설'이다. 이것을 제창한 것은 수많은 기행으로 유명한 미국의 천재 이론가 R. L. 트리버스이다.

체내 수정을 하는 동물의 수컷에게는 어떻게 하면 암컷에게 자신의 새끼를 낳게 할까 하는 영원한 과제가 있다. 잠자리 수컷의 극단적인 질투심과 붉은줄독거미의 '성욕 감퇴제' 분비 능력은 바로 이 때문이다. 그러나 체외 수정에서는 자신의 정자를 뿌린 알에서 나오는 새끼는 확실히 자신의 새끼이다. 그렇게 되면 수컷은 알 돌보기에 무관심할 수가 없고 아연 힘이 넘쳐나게 된다. 다만 이 설로는 왜 알을 돌보는 것이 암컷이 아니고, 수컷일까 하는 이유를 밝히지는 못한다는 단점이 있다. 암컷도 자신이 낳은 알에서 태어나는 것은 확실히 자신의 새끼이기 때문이다.

여하튼 이 설은 "왜 수컷이 알을 돌볼까" 하는 물음에 대한 해답의 한 예로는 꽤 타당성이 있다. 이 가설은 체내 수정을 하는 포유류에게는 왜 수컷의 수유 능력이 진화하지 않았을까 하는 의문에 대해서도 어느 정도 해답을 제시하고 있다.

그런데 이상과 같은 가설에 내 나름대로 이런 생각을 덧붙이고 싶다. 왜 물고기는 수컷이 알을 보살피느냐 하는 것이다.

잘 알려져 있듯 어류는 대체로 알을 많이 낳는다. 따라서 알의 상태로 (또는 치어가 된 뒤에도) 대부분이 바다나 강에 사는 다른 많은 동물들의 먹잇감이 돼버린다. 암컷이 그 하나하나에 영양이 풍부한 난황(卵黃)을 부여했음을 생각하면 대단히 쓸데없는 투자일 수 있다. 쓸데없는 줄 알면서도 그런 투자를 하는 이유는 무엇일까. 우리가 뻔히 버리는 돈인 줄 알면서도 투자를 하는 것은 이를테면 '만일의 경우'에 대비하는 보험 같은 것이다. 그런데 물고기에게 '만일의 경우'란 어떤 것일까.

그것은 어쩌면 어떤 이유로 먹을 것이 현저히 부족한 때일 것이다. 물고기에게는 알이란 자손을 남기기 위한 것인 동시에 소중한 비상식량이 아닐까. 사실 암컷은 기아상태에 빠질 때 자신이 낳은 알을 먹으며 굶주림을 벗어나려고 하는 일도 있는 듯하다. 게다가 어미가 먹을 것이 없는 악조건에서 태어난 새끼가 도대체 제대로 자랄 수나 있을까. 그런 의미에서도 알을 식량으로 삼는 것은 적절한 대응책이라고 할 수 있다.

한편 수컷은 '만일의 경우'를 위해 투자를 어떻게 할까. 정자는 알에 비해 영양가가 낮다. 정자를 방출해 들이마셔봐야 이렇다 할 정도로 배를 채우지는 못한다. 그래서 수컷은 영양이 듬뿍 들어 있는 알을 호화판 도시락으로 확보한다. 나는 이것이야말로 수컷의 알 확보 행동(사실은 확보한 것처럼 보이는 행동)이 진화한 최대의 요인이 아닐까 하고 생각한다. 물론 수컷이 알을 전부 먹어버리면 자손이 남지 않으므로 그런 행동은 진화하지 않았다. 수컷은 다른 먹을거리가 있다면 결코 즐기지는 않는다. 알은 어디까지나 비상식량인 것이다.

실은 나의 이런 가설을 강하게 뒷받침하는 고기가 있다. 가시고기가 바로 그 주인공이다. 가시고기는 니콜라스 틴베르헨이 행한 해발인(解發因=Releaser)[4] 연구로 아주 유명한데 수컷과 암컷 사이에 약간 신기하고 묘한 흥정이 이루어진다는 것도 알려져 있다. 수컷은 집을 만들어 자신의 영역으로 삼아 다른 수컷이 오지 못하도록 지킨다. 암컷이 찾아오면 꼬드겨서 알을 낳게 하고 정자를 뿌린다. 수컷은 알이 부화할 때까지는 어떻게든 집 가까이에 머물러 있지 않으면 안 되기 때문에 식량 조달 등에서 어쩔 수 없이 부자유스러운 생활을 한다. 그렇게 되면 보호하고 있는 알이 점점 더 맛있는 식사가 된다. 사실 가시고기 수컷이 제 집의 알을 일부 먹는다는 것도 밝혀졌다.

그런 수컷의 습성을 암컷도 아는 듯, 이미 다른 암컷이 알을 낳은 집에는 자신의 알을 낳아도 알이 하나도 없는 집은 피한다고

---

4. 동물행동학에서 복잡한 반사행동을 일으키는 계기가 되는 자극을 가리키는 말.

한다. 극도로 배가 고픈 수컷은 처음부터 먹어치울 목적으로 알을 낳게 하려는지도 모르기 때문이다.

그것은 지나친 생각일지도 모른다. 그러나 그가 배를 곯게 되면 알에 손을 대지 않는다고 단언할 수도 없다. 누군가 알을 낳아둔 곳에 자신의 알을 낳는 것은 최악의 경우에라도 자신의 알이 먹힐 확률을 낮출 수 있다는 의미가 있는 것이다.

그러나 암컷이 빈집에는 좀처럼 알을 낳으려 하지 않자 수컷은 어떻게 한 덩어리의 알을 조달할까 하고 골치를 앓게 된다. 빈집 앞에서 "자 어서 알을 낳아줘. 나는 결코 알에 손을 대는 의지박약한 수컷이 아니야"라고 거짓말이라도 해서 성의를 보이는 시늉을 한다든가, 뭐든 좋으니 암컷이 알 낳을 기분이 되도록 할 방법을 모색하는 것이 동물계에는 일반적으로 흔한 이야기이다. 그러나 가시고기 수컷이 발견한 방법은 전혀 달랐다. 다른 수컷의 집에서 알을 훔쳐와 자신의 집에 갖다놓는 것이다. 이 얼마나 간단하고 훌륭한 임기응변의 해결법인가!

틴베르헨의 연구에서 알 수 있듯 가시고기 수컷이 다른 수컷의 영역에 침입하는 것은 그리 간단한 일이 아니다. 수컷은 배의 붉은색이 해발인이 돼 다른 수컷의 공격행동을 유발하기 때문이다. 다만 기회가 전혀 없는 것은 아니다. 실은 다른 수컷이 한창 암컷을 설득하고 있을 때 그런 기회가 찾아온다.

이렇게 혼잡한 틈을 타서 훔친 알은 당연히 수정란, 즉 다른 놈의 새끼이게 마련이다. 그러나 그 정도는 참아야 한다. 게다가 때 이른 앙갚음이랄까, 알을 훔치러 간 수컷은 이왕 하는 김에 어느 알에 정자를 뿌리는 것도 불가능하진 않다.

물고기와 같은 체외 수정 동물에서조차 수컷은 주의를 게을리 할 수 없다. 새끼가 분명히 자기 새끼일 확률은 100퍼센트가 아니었던 것이다.

제3장
혹독한 사회

종족 보존을 위한
유아살해

인간은 왜 유아살해를 하지 않을까. 이런 말을 하면 많은 양식 있는 사람들이 "무슨 바보 같은 소리를 하느냐"고 호통 칠 것이다. 유괴당한 뒤 살해된 아이, 부모에게 학대당하다 쇠약사한 아이, 한때 유행한 '코인 로커(동전 투입 보관함) 베이비' 등 유아살해 이야기는 많다. 그러나 인간이라는 동물의 본성이 문제가 되는 경우, 우리는 이런 이야기가 정말로 흔히 있는 일인지 어떤지에 대해 다른 동물과 비교 검토해보지 않으면 안 된다.

인간은 다른 포유류에 비해 압도적으로 개체수가 많다. 더욱이 '바람피우는 원숭이'이기 때문에 타인의 행동을 자세히 관찰하고 금세 정보를 교환하지 않고는 못 배기는 성벽이 몸에 배어 있다. 게다가 지금은 광범위하고 치밀한 정보 교환망을 발달시켰기 때문에 아주 드물게 일어나는 사건도(아니 드문 사건이야말로 오히려) 곧바로 보도된다. 정보를 받아들이는 사람은 그런 일들이 마치 언제 어디서나 일어나고 있다고 착각한다.

이런 사정을 미국의 E. O. 윌슨은 1975년에 출판된 기념비적 저술『사회생물학』에서 다음과 같이 밝혔다.

"만일 화성인 동물학자가 지구를 방문해 인간을 관찰한다면 단위시간당 그리고 1인당 중상률이나 살해율로 봤을 때 꽤 평화적인 포유류에 든다고 결론지을 것이다. 설사 우리가 우발적인 전쟁을 집어넣고 평균을 내더라도 그렇다."

이 말에는 동물행동학의 아버지라고 불리는 콘라트 로렌츠에 대한 통렬한 비판이 담겨 있다. 그것은 명저라는 소리를 듣고 있는 로렌츠의『공격 행위에 관하여』를 읽은 사람이라면 곧 알아챌 수 있다.

로렌츠는 인간세계는 잔인한 살육으로 가득 찬 광기의 세계이지만 야생동물 사회는 그런 것이 방지된 이상의 세계라고 말해 왔다. 그러나 로렌츠의 이 신화는 완전히 붕괴했다. 지금은 야생동물의 세계를 미화하는 것이 야생동물을 구실로 인간 비판을 하려는 일부의 평화주의자이거나, 야생동물의 진정한 모습을 알려고 하지 않는 엉터리 자연주의자의 이야기일 뿐이다. 인간의

'유아살해'는 일종의 사고라는 것이 현재 동물행동학의 일반적 시각이다.

그러나 『공격행위에 관하여』가 발간된 1963년은 로렌츠 신화의 전성기이기도 했다. 아이러니컬하게도 바로 그 해에 나중에 신화의 권위를 완전히 실추시키는 도무지 믿을 수 없는 보고가 어느 젊은 일본인 연구자에게서 나왔다.

당시 교토대학 대학원생이던 스기야마 유키마루(杉山幸丸) 씨는 2년간에 걸친 인도 현지조사를 끝낸 뒤 깜짝 놀랄 만큼 엄청난 성과를 갖고 귀국했다. 일본의 영장류학은 일본원숭이 연구에서 시작됐다. 유럽이나 미국과 달리 일본에는 실제로 원숭이가 살고 있다. 우선 그것을 연구해보자는 것은 당연한 일이었다. 일본원숭이 연구는 1950년대에 비약적으로 진전됐고 그 사회 구조도 급속히 밝혀졌다. 그러자 그 또한 당연한 결과지만, 연구자들의 관심이 이번에는 침팬지와 고릴라 등 유인원 쪽으로 기울어지게 됐다. 당시 유인원 연구는 거의 이루어지지 않은 상태였기 때문에 1950년대 말부터 일본의 영장류 학자들은 너도 나도 아프리카로 가서 이 미지의 분야를 개척하는 데 힘썼다.

그러나 왠지 스기야마 씨는 그렇게 하지 않았다. 유인원 연구를 시작하기 전에 일본원숭이와 약간 다른 타입의 원숭이를 한 번 더 연구해보자는 생각을 가졌다.

인도에 사는 하누만랑구르(긴꼬리원숭이의 일종)는 숲 가장자리나 사원의 마당 등 마을과 가까운 곳에 사는 엽식성(葉食性) 원숭이로 현지 사람들로부터는 신의 사자로 떠받들리고 있다. 몸이 가늘고 몸보다 긴 꼬리가 있고, 온몸이 은회색의 긴 털로 뒤덮여 있으며 새까만 얼굴에는 수정구슬처럼 빛나는 커다란 눈이 반짝인다. 스기야마 씨가 이 아름다운 원숭이를 고른 데는 특별히 깊은 뜻이 있었던 것은 아닌 듯하다. 그러나 과학상의 새로운 사실이라는 것은 더러 이런 에두르는 길이나 쓸데없다고 여겨지는 작업의 틈바구니에서 얼굴을 내민다. 여기서 우선 그 발견의 전말을 그의 저서 『유아살해의 행동학』을 참고로 요약해보기로 하자.

하누만랑구르는 일부다처제 생활을 하고 한 마리의 지도자 수컷이 5~10마리의 성숙한 암컷과 그 새끼들을 거느리고 하렘을 이루고 있다. 하렘 구성원의 사이좋은 모습은 흐뭇하기 짝이 없다. 예를 들어 새끼가 태어나면 바로 인기를 끌어 다른 암컷들이 번갈아가며 안아준다. 그런데도 엄마가 그걸 싫어하는 눈치도 보이지 않는다. 또 장난꾸러기 새끼들은 아버지의 굵고 긴 꼬리에 매달려 타잔놀이에 열중한다. 아버지는 조금도 싫은 표정을 짓지 않는다. 대단히 관용적이고 안온한 가족인 것이다.

그러나 이런 평화도 오래 지속되지 않는다. 하렘을 형성하는 동물들이 대개 그렇듯 언젠가는 떠돌이 수컷들에 의해 가족이 붕괴될 때가 오기 때문이다. 제1장에서 소개한 것처럼 겔라다비비는 리더와 수컷 그룹 사이에 매일처럼 의례적 투쟁이 반복된다. 그러나 하누만랑구르의 떠돌이 수컷 그룹은 대개 하렘을 먼발치에서 관찰하기만 할 뿐 쉽사리 손을 대려 하지 않는다. 실제로 습격에 나서는 것은 확실히 자기들이 유리하다고 판단할 때뿐이다.

그런 기회가 언제 찾아올까 하는 것은 단순히 하렘 지도자의 체력이 어떤지에 달려 있는 듯하다. 세대 교체는 4~5년마다 일어난다. 한 마리의 지도자 대 몇 마리의 떠돌이 수컷이라면 아무래도 지도자가 불리할 것 같지만 꼭 그렇지만도 않은 모양이다. 떠돌이 수컷 그룹 가운데서도 습격에 의욕을 불태우는 것은 갑자기 체력에 자신이 붙은 한 마리뿐이고 나머지는 마지못해 행동을 같이하는 패거리이기 때문이다. 만일 지도자가 져서 도망가면 이 의욕적인 수컷이 하렘의 새 지도자가 되어 다른 동료들을 추방해버린다.

하누만랑구르의 하렘 공방전은 방어하는 쪽에서 보자면 문자그대로 사투이다. 리더는 설사 귀가 잘리고 눈이 후벼 파이는 한이 있어도 저항을 계속한다. 그러다가 이윽고 힘이 다해 패주하지 않을 수 없게 됐을 때 이상한 광경이 벌어진다.

지도자의 아들들은 아버지를 따라 일제히 달아나는데 아내와 딸들은 아직 혼자 걸을 수 없는 젖먹이 새끼와 함께 그 자리에 남는다. 인간적으로 보면 이 경우의 아내나 딸들의 행동에는 아무래도 고개를 갸웃거리게 된다. 어쨌든 오랫동안 부부로서 같이 살았던 남편을 버리고 침략자에 굴복하는 것이기 때문이다.

그러나 여기서 우리는 하누만랑구르 사회가 모계사회로서 영역의 진짜 소유권은 모녀, 자매, 또는 사촌 자매라는 혈연관계를 가진 암컷들에게 있음을 생각해야만 한다. 이런 위급한 상황에서 암컷들이 지도자를 따라가지 않는 데는 그럴 만한 이유가 있는 것이다.

하누만랑구르의 하렘에서 생식 활동을 하는 단 한 마리의 수컷을 지도자라고 부르게 된 것은 원래 연구자가 마음대로 생각한 결과인지도 모른다. 이 수컷은 대대로 암컷들 사이에 계승돼 온 영역에 영입된 데릴사위 겸 보디가드라고 할 수 있다. 그는 역량이 다하면 임무에서 풀려난다. 그리고 그때 수컷 새끼들을 데리고 떠나간다. 수컷들은 새 지도자와는 공존할 수 없다. 어쩌면 떠돌이 수컷으로 있으면서 당분간 무예수업을 닦다가 충분히 힘을 비축한 다음 어딘가 다른 하렘을 습격할 것이다.

하누만랑구르의 암컷들은 말하자면 대단한 자산을 지닌 양반 집 딸이다. 이 가문은 대대로 딸이 집안을 잇도록 돼 있어서 그렇게 간단히 집을 버리고 남편을 따라가서는 안 된다.

그런데 새 지도자와 암컷들은 어떻게 새로운 일가를 만들어가는 것일까. 이것은 제법 흥미로운 일이다. 새신랑이 된 그가 맨처음 하는 일은 돌아가면서 암컷들에게 인사를 하는 것도 아니고, 새끼들을 회유해 마음씨 좋은 아저씨라는 평을 얻으려는 것도 아니다. 그의 첫 일은 엉뚱하게도 암컷이 안고 있는 젖먹이 새끼를 한 마리도 남김없이 물어 죽이는 것이다. 암컷은 새끼를 지키려고 필사적으로 도망을 가지만 결코 영역 밖으로는 나가지 않는다. 밖으로 나가면 그리운 전 남편이 아직도 어딘가에 숨어 있다가 아이를 위해 팔을 걷고 도와줄지도 모르는데도 말이다.

그러나 사태는 절대로 그렇게 전개되지 않는다. 새 지도자는 젖먹이 새끼 죽이기에 이상할 정도로 집념을 불태운다. 그는 칼처럼 날카로운 송곳니로 모든 젖먹이 새끼에게 치명상을 입힌다. 그러면서도 단단히 새끼를 안고 있는 암컷에게는 찰과상조차 입히지 않는 조심성도 보인다. 엉덩이나 등에 깊은 상처를 입은 새끼는 당분간 엄마 품에 안겨 있지만 이윽고 하렘에서 사라진다. 어쩌면 육식동물의 식탁에 바쳐지기라도 했을 것이다.

이렇게 해서 마지막에 하렘에 남는 것은 옛 지도자의 아내들과 이미 젖을 뗀 딸들뿐이다. 구성원은 새 지도자 외에는 모두가 암컷이다.

여기서 우리가 다시 느끼게 되는 것은 옛 지도자를 추방하고, 게다가 소중한 새끼까지 죽인 수컷을 왜 암컷이 용서하는가 하는 의문이다. 암컷이 수적으로 많으므로 모두 힘을 합쳐 수컷을 추방한다든가, 따돌린다든가 하는 모종의 수단을 강구해서 복수할 수도 있지 않은가.

그러나 젖먹이 새끼를 안고 있던 암컷들은 이를 때는 사흘도 지나지 않아 그에게 꼬리를 말아 올리고 엉덩이를 보이며 몸을 부르르 떨기 시작한다. 이것은 틀림없는 구애의 동작이다.

그녀들은 왜 발정을 했을까. 그 원인은 무엇인가. 생각할 수 있는 것은 한 가지밖에 없다. 젖먹이 새끼가 죽어서 젖을 빨 놈이 사라졌기 때문이다.

일반적으로 포유류는 수유 기간 중에는 배란이 억제돼 발정하지 않는다. 그러나 이 억제는 늘 일정한 빈도로 젖샘이 자극됨으로써 일어나는 것이므로 새끼가 젖을 떼거나, 도중에 죽거나 하면 곧 해제된다. 고등한 영장류의 수유 기간은 아주 길다. 원숭이는 1~2년, 유인원은 4~5년이다. 수컷으로서는 너무 긴 기다림의 시간이다. 특히 암컷이 전 남편과의 사이에서 태어난 새끼를 키우기 위해 몇 년이고 수컷을 기다리게 한다면 그것은 아주 심각한 문제이다.

만약 하누만랑구르에게 실제로 그런 일이 일어난다면 최악의 경우 자기 자신의 새끼를 한 마리도 남기지 못한 채 하렘을 떠나는 불쌍한 수컷도 생길 것이다. 수컷이 비상수단에 호소하는 것도 무리가 아니다. 수컷이 유아살해를 하면 암컷이 발정하고 그러면 자신의 새끼를 많이 남길 수 있다는 것을 알고 있는지는 알 수 없다. 다만 하렘을 빼앗은 수컷은 왠지 젖먹이 새끼를 죽이고 싶은 충동에 사로잡힌다. 지도자는 모두 이런 절차를 밟아 지도자가 됐던 것이다.

하누만랑구르의 아버지들은 모두 유아살해의 전과가 있다. 그러나 인간은 우선 여자와 그 전 남편 사이에서 태어난 젖먹이를 죽이고 나서야 결혼하는 일이 없다. 그런 시각에서 생각해야 한다. 윌슨이 인간은 평화적이라고 말한 것도 이런 의미일 것이다.

집단을 방어할 책임지기

사자는 예로부터 백수의 왕으로 존경의 대상이 돼왔다. 사람들이 그 강함을 얼마나 동경했는지는 왕가의 문장(紋章) 등에 권위의 상징으로 널리 사용된 데서 쉽사리 알 수 있다. 또 옛날에는 중동이나 인도 북부에도 서식하고 있었다. 따라서 일본에 예로부터 존재하는 사자에 관한 이야기는 어쩌면 실크로드를 통해 들어왔을 것이다. 사자는 과거에 한 번도 부정적 이미지로 다뤄지지 않았음이 틀림없다. 오로지 강하고 완전한 동물이 사자였다.

그러나 동물행동학과 사회생물학에서의 최근 연구는 사자 사회의 실태를 까발려 그 권위를 실추시켰다. 우선 사냥을 하는 것은 왕가의 문장에 흔히 쓰이는 수컷이 아니라 오직 암컷들이다. 수컷은 아무것도 하지 않고 하루 종일 빈둥거리며 지낸다. 그러나 그것뿐이라면 그래도 낫다. 암컷들이 사냥감을 쓰러뜨리면 금방 달려와 맨 먼저 우적우적 씹어 먹는 꼬락서니를 보인다. 이 한심한 남편에게 변명의 여지가 있을까.

탄자니아의 세렝게티 국립공원에 사는 어느 수사자는 어느 방송과의 회견에서 이렇게 말했다고 한다. "저도 할 수 있다면 사냥을 하고 싶어요. 그렇지만 이 멋진 갈기가 아무래도 너무 눈에 띄어서 솔직히 말해 곤란한 지경입니다. 에헴."

분명히 사자의 갈기는 수컷 공작의 꼬리깃털과 마찬가지로 그 자체로는 보통 아무런 역할도 하지 못한다. 그러나 암컷이 수컷을 고를 때나 수컷끼리 서로 으르렁거리며 상대방을 위협할 때는 단연 위력을 발휘한다.

암컷 사자가 갈기가 멋진 수컷을 계속 골라온 결과 수컷을 사냥에 어울리지 않는 쓸모없는 남편으로 만들어버렸는지도 모른다. 겉이 번지르르한 남자는 실속이 없다는 법칙이 여기서도 들어맞는다.

그것은 이미 돌이킬 수 없는 일이다. 암컷은 싫든 좋든 사냥을 하지 않으면 안 된다. 미더움이라고는 없는 남편과 새끼를 부양해야 하기 때문에 암컷이 그나마 솜씨 좋은 사냥꾼이 됐을 것이라고 생각할 수 있지만 실제로는 이 또한 기대하기 어렵다.

사자는 시속 60킬로미터에 가까운 속도로 달릴 수 있다. 그러나 준족의 육상선수들이 떼거지로 몰려 있는 아프리카의 초원에서 그 정도로는 뜀뛰기가 느린 편이다. 그래서 그들은 발의 빠르기로 먹잇감을 압도하는 것을 단념하고, 먹잇감인 상대방이 눈치를 채지 못하는 사이에 최대한 가까이 접근해 갑자기 뛰어오르는 방법을 찾게 됐다. 그 과정은 '풀숲의 작은 사자'라는 별명을 가진 사마귀를 빼닮았다.

예를 들어 사바나에서도 톱 랭킹에 드는 달리기 선수 타조에게 접근할 때는 고개를 숙여 먹이를 먹고 있을 때를 노려 살살 기어서 다가간다. 타조가 고개를 들면 멈춰서고 고개를 숙이면 다시 전진한다. 타조가 정지해 있는 물체를 발견하지 못하는 약점을 이용하는 것이다.

그러나 그렇게 되면 이번에는 타조 쪽에서도 대응책을 취한다. 그것은 되도록 큰 집단에 섞여 식사를 하는 것이다. 집단의 각 구성원은 반드시 몇 초 간격으로 고개를 들어야 한다는 점을 명심해둔다. 그럼 집단 전체로서는 언제나 누군가는 고개를 들고 있는 셈이어서 사자는 접근할 기회를 잃게 된다.

그래서 다시 상황이 나빠진 사자는 단독으로 사냥을 하는 고양이과 동물의 원칙을 깨고 집단으로 사냥을 하는 대응책을 취하게 됐다. 그것은 몇 마리의 암사자가 각각 다른 방향에서 먹잇 감 집단에 접근하는 제법 고도한 전법이다. 그러나 놀랍게도 암 사자들의 사냥은 네 번에 한 번 정도밖에 성공하지 못한다. 갈기 가 눈에 띄는 수컷이 이 사냥 집단에 가담하면 그 성공률은 더욱 낮아져버릴 것이다.

사자가, 특히 수컷이 강한 것은 사실일까. 만약 그렇다면 수 사자는 도대체 언제 우리에게 백수의 왕이라는 진면모를 보여 줄까.

그러나 그전에 사자 관찰자들이 보고한 충격적인 사실, 즉 수 사자들도 유아살해를 한다는 것을 알아두어야 할 것이다. 하누 만랑구르의 유아살해 발견은 야생동물계에서는 동족을 죽이지 않는다는 당시까지의 상식을 크게 뒤엎는 것이었다. 그러고 나 서 10년 후 영국의 B.C.R. 버틀램은 사자도 마찬가지로 유아살 해를 한다는 사실을 발견했다.

사자와 하누만랑구르는 사회 구조상 닮은 점이 많다. 흔히 '프 라이드' 라는 사자 집단에는 4~12마리의 성숙한 암컷과 몇 마리 의 새끼사자가 있다. 이는 하누만랑구르와 비슷한 규모이다. 수 사자 새끼들은 성장하면 약속이나 한 듯 일제히 하렘을 빠져나 가지만 암컷은 나고 자란 집단을 평생 떠나지 않는다. 따라서 집 단 내의 암컷끼리는 모녀, 자매, 사촌 자매 등 혈연관계가 되고,

집단이 보유하는 영역은 이 암컷들에 의해 승계된다. 이 점에서도 하누만랑구르와 빼닮았다.

다만 한 가지 크게 다른 점은 사자 집단에는 성숙한 수컷이 두세 마리 있어 복잡한 난혼관계를 이룬다는 것이다. 그리고 이 수컷들도 원래는 같은 집단에서 태어나 자란 형제여서 혈연관계인 경우가 많다. 함께 집단을 떠나 떠돌이 생활을 계속하다가 적당한 집단을 발견하면 협력해서 그곳을 습격해 원래 있던 수컷들을 추방하고 새로운 주인이 된 경력의 주인공들이다.

하누만랑구르의 경우 탈취에 성공한 수컷들의 사이가 벌어져 하렘의 새 주인이 되는 것은 그 가운데 한 마리뿐이다. 그러나 사자는 수컷들의 사이가 벌어지지 않고 집단을 공유한다. 그것은 우선 그들이 혈연관계에 있기 때문이다. 그리고 또 하나는 그렇게 하지 않으면 그 이후 집단 방어에 지장이 있기 때문이다.

그들도 탈취에 성공하면 젖먹이 새끼들을 모두 죽여버린다. 육식성이기 때문에 아예 자기들이 먹어치운다. "티 없는 젖먹이들을……" 하는 감상은 이 경우 통하지 않는다. 젖먹이일수록 죽여서 어미의 발정을 촉진하지 않으면 안 되기 때문이다. 사자 암컷도 새끼를 죽인 수컷을 받아들여 이윽고 새로 새끼를 낳는다.

새로 결성된 수컷의 연합은 당연한 일이지만 이번에는 습격을 막는 쪽이 된다. 그들은 아무것도 하지 않는 것처럼 보이지만 집단 방어라는 대단히 커다란 책무를 지고 있다. 게다가 수컷이 사냥을 하지 않는 데도 다 그만한 이유가 있다. 만약 수컷이 사냥에 전력을 기울이는데 떠돌이 수컷이 습격해 오기라도 한다면 누가 집단을 지키겠는가. 다른 동물을 사냥하는 일은 암컷에게 맡기고 동종 간의 공방전은 수컷이 맡는 분업이 생겨난 것이다.

또 수컷이 맨 먼저 먹잇감에 입을 대는 것도 강한 자손을 남긴다는 의미를 띠고 있는 것 같다. 수컷이 배가 부르면 다음에 식사를 하는 것은 암컷들이다. 그리고 새끼들은 맨 마지막 차례가 되는데 그때는 이미 고기도 내장도 별로 남지 않는다. 새끼들은 다른 새끼를 밀어 젖히고서라도 먹이를 물지 않으면 살아남을 수 없다. 이 싸움에서 이기지 못한 약한 새끼들은 실제로 하나하나 굶어 죽는다. 사자는 새끼들의 식사 순서를 일부러 맨 뒤로 돌림으로써 그들에게 서바이벌 게임을 시키는 듯하다.

물론 이런 짓을 즐기는 부모가 있을 턱이 없다. 자라서 고생을 하지 않도록 이른 시기에 강한 놈만을 남기자는 부모의 자비라고 해야 할까. "사자는 천 길 낭떠러지 아래로 새끼를 밀어뜨린다"고 하지만 사실은 "사자는 새끼들에게 충분한 음식을 남겨주지 않는다"고 해야 한다.

백수의 왕인 사자는 다른 동물과의 경쟁에서 힘을 키워온 것이 아니다. 동종 간의 혹독한 생존경쟁에 의해 우연히 백수의 왕이라고 불리게 됐다. 사자가 강한 것은 사실이다. 그러나 그 강함이 먹잇감에 대해서는 왠지 발휘되지 않고 때로는 말도 안 되는 멍청함을 드러내기도 한다. 그 또한 백수의 왕이나 보일 수 있는 여유라고 해야 할까.

슬픈 근친교배

동물들은 근친교배를 최대한 피한다. 가장 쉬운 방법은 새끼가 자라면 분가해서 부모나 형제자매와의 교잡을 피하는 것이다. 사회성이 결여된 동물은 대개 이런 방식을 채용한다.

그러나 부모로부터 이어받을 만한 영역이나 자원이 있는 동물 또는 그런 재산은 없지만 고도의 사회성을 발달시켜온 동물이 되면 사정은 달라진다. 대부분의 경우 새끼는 성숙하기 전에 수컷이나 암컷 어느 한쪽이(어느 쪽인지는 동물마다 다르다) 집단을 떠난다. 수컷이 떠난다면 그것은 모계제 사회이고 암컷이 떠난다면 부계제 사회이다. 누가 그들에게 이야기한 것도 아니지만 그들은 때가 되면 자연히 종의 관습에 따른다.

그러나 잘 생각해보면 이런 관습을 각각의 동물들이 정확히 지키고 있다는 것 자체가 대단히 이상한 일 아닐까. 근친교배 금지는 꼭 지켜야만 하는 것일까. 원래 근친교배에는 어떤 문제점이 있을까. 극히 일반적인 논의라면 대개 다음과 같은 것이 된다.

'다른 유전자를 조합해서 다양한 자손을 만든다. 그리고 그 가운데서 가장 적응력이 뛰어난 유전자를 살아남게 한다.' 앞에서도 밝혔듯 이것이 유성생식의 의의이다. 그러나 만약 유성생식을 하는 생물에게 있어서 근친교배가 때때로 이루어져 그 다양성이 서서히 사라져갈 경우 도대체 어떤 문제가 생길까. 우선 전염병이 돌면 일족이 전멸하게 된다. 이것이 가장 일어나기 쉽고 가장 위험한 유형이다.

과거 일본인의 첫 번째 사망원인이 결핵이었고, 중세 유럽에서는 페스트나 천연두가 맹위를 떨쳤다. 이런 병으로 거의 전멸하다시피 한 가족도 적지 않았다고 한다. 가족 내 전염이라는 것도 커다란 요인이지만 역시 각각의 세균이나 바이러스에 대한 저항력이 약한 가계가 존재하는 것으로 생각된다. 물론 이런 가계가 반드시 근친상간을 반복해 다양성을 잃었다고는 할 수 없을 것이다. 그렇지 않더라도 미세한 유전적 영향으로 이런 우울한 지경에 처하는 경우도 있다. 그런 지경에 처하지 않으려면 어떻게 해야 좋을까.

가장 좋은 방법은 다양한 자손을 남기는 노력을 하는 것이다. 이런 병원체는 유전자의 재조합 등을 통해 공격 방법을 수시로 바꾸기 때문이다. 이렇게 자유자재로 변화하는 적에 대처하는 방법은 늘 새로운 유전자를 끌어들여 일족이 다양하게 되는 것뿐이다.

또 근친교배를 하면 열성 유전자끼리 결합하기 쉬워 기형 등의 유전적 결함을 지닌 새끼의 비율이 늘어난다. 근친교배가 왜 좋지 않은가를 설명하는 데 이 이상 설득력을 지닌 방법은 없을 것이다. 그러나 이것은 근친교배를 피해왔기 때문에 다양해진 집단에서 근친교배가 이루어질 때나 말할 수 있다. 약간 의외일 수 있지만 이런 사실도 간과해서는 안 된다. 예를 들어 여러 세대 동안 근친교배를 반복함으로써 만들어진 순수혈통의 쥐가 결함을 지닌 새끼를 많이 낳느냐 하면 꼭 그렇지도 않다. 다만 그들이 야생으로 돌아갔을 때 살아남기가 어려울 것이라는 정도이다.

그런데 일반적으로 간과하기 쉽지만 근친교배에 의한 이점이라는 것도 한편으로는 적잖이 존재한다. 예를 들어 생존상 아주 유리한 성질이나 특수한 재능을 발휘하게 하는 유전자(대개는 복수의 유전자가 쌍으로 존재하는 것이지만 여기서는 단순히 유전자라고 부른다)를 어느 집단이 지니고 있다고 하자. 그 경우 그 유전자를 자손에 전하기 위해서는 어떻게 하는 것이 좋을까. 답은 간단하다. 근친교배를 하는 것이다. 그와 혈연관계가 있는 자는 같은 유전자를 갖고 있을 가능성이 높으므로 효율적으로 그 유전자를 자손에게 전할 수 있다.

물론 때로는 기형아 출산 등의 문제도 나타나겠지만 문제의 유전자가 그 결점을 메우고도 남을 만한 이점을 갖고 있다면 체계적으로 그 유전자를 보존할 수 있다. 그런 의미에서 과거 일본 사회에서 흔히 행해졌던 가까운 친척 간의 결혼이나 지방의 유서 깊은 가문끼리의 결혼은 계급마다의 특수한 진화에 한 역할을 했다고 평가할 수 있겠다.

조금 벗어나는 얘기지만 도쿠가와 이에야스(德川家康) 등 역사상 인물의 몇 대 후손들이 각각 조상의 모습을 빼닮았다는(초상화와 비교한 것이지만) 화제가 자주 TV나 잡지에 등장한다. 이것을 반드시 우연이라고만 생각할 수는 없다. 유전학자의 계산에 따르면 몇백 년 뒤에는 조상의 유전자가 거의 계승되지 않아 자손들은 전혀 다른 사람이 된다. 그러나 어쨌든 이런 사람들은 유전학자가 의도하는 혼인 방식을 택하지 않았다. 다이묘(大名)[5]나 쇼군(將軍)[6] 가에는 어느 가문에서 안주인을 맞을 것인지에 대

5. 넓은 영지를 가진 무사를 이르는데 특히 에도(江戶)시대에는 봉록이 1만 석 이상인 무가를 가리켰다.
6. 세이이타이쇼군(征夷大將軍)의 줄임말로 바쿠후(幕府)의 실권자를 뜻한다.

한 엄격한 제약이 있어 결국은 여러 세대 동안 근친결혼을 거듭해왔다. 그것이 이에야스를 빼닮은 도쿠가와 모(某) 씨가 존재한 이유가 아닐까. 나는 어느 정도의 근친혼이라면 더욱 장려해도 좋지 않을까 하는 생각이다.

많은 영장류가 관습적으로 수컷이나 암컷 어느 한쪽이 태어나 자란 집단을 떠나 다른 집단에서 생식 활동을 한다. 이 방식으로는 수컷, 암컷 어느 쪽의 출입에 따라 우선 부모자식간이나 형제자매간의 근친교배를 피하는 한편, 새로 훌륭한 유전자의 유입을 도모할 수 있다. 그리고 또 하나 욕심스럽게도 그 집단 내의 귀중한 유전자의 분산을 막기도 한다.

그런데 이제 고릴라 이야기를 하자. 중앙아프리카의 우간다, 자이르, 르완다 3국의 국경 부근에는 해발 3,000~4,000미터의 높은 산줄기가 있다. 그 산기슭에 지금은 겨우 200여 마리로 줄어든 마운틴고릴라들이 근근이 살고 있다. 고릴라는 서아프리카의 저지에 사는 로랜드고릴라나 중앙 아프리카 고지에 사는 마운틴고릴라 등의 아종이 있는데 어느 것이나 서식 환경 악화나 밀렵 등에 의해 현저하게 개체수가 줄고 있다.

특히 마운틴고릴라가 위기를 맞고 있다. 다이안 포시는 오랜 연구를 통해 고릴라의 의외의 생태를 밝혔다. 그녀에 따르면 고릴라는 수컷이든 암컷이든 나서 자란 집단을 떠나는 특수한 사회 시스템을 갖고 있지만 놀랍게도 상당한 근친교배를 하고 있음이 발견되었다.

고릴라는 일부다처제 생활을 하며 한 마리의 지도자 수컷이 2~6마리의 암컷 성체와 새끼를 거느리고 하렘을 형성한다. 대개 수컷은 열 살 정도 되면 하렘을 떠나 한동안 떠돌이 생활을 한다. 그리고 기회가 있으면 다른 하렘을 빼앗아 암컷을 배우자로 삼고 자신의 하렘을 만든다.

고릴라는 명확한 영역이 없이 상당히 자유롭게 떠돌기 때문에 암컷을 둘러싼 수컷끼리의 싸움이 극히 격렬하다. 지도자는 언제까지 멍청하게 앉아 있을 수 없다. 그는 하누만랑구르의 지도자처럼 평화로운 세월을 보내다가 어느 날 갑자기 습격을 받는 것도 아니고, 겔라다비비처럼 매일 의례적인 투쟁을 거듭하는 것도 아니다. 떠돌이 수컷과 맞닥뜨리면 진짜 승부를 해야만 한다. 고릴라 수컷이 암컷의 두 배에 이르는 체중(약 200킬로그램)과 멋지게 발달한 근육을 갖게 된 것도 투쟁에 의한 강한 도태의 힘이 작용했기 때문이다.

또 암컷도 7~8세가 돼 성숙해지면 왠지 나서 자란 하렘을 떠나고 싶은 충동에 사로잡히는 듯하다. 만약 그럴 때 어느 하렘의 지도자 또는 새로 하렘을 만들려고 애쓰는 젊은 수컷으로부터 권유를 받으면 비교적 쉽게 따라가버린다. 게다가 이런 젊은 암컷이 아니더라도 하렘 내 관계나 지도자에 불만을 품은 중년에 접어든 암컷도 마찬가지로 행동한다. 포시는 고릴라 사회에서는 암컷의 이적에 관한 한 본인의 의지가 많이 존중되는 것 같다는 견해를 나타냈다.

고릴라 암컷이 이적하는 때는 발정 가능한 시기에 한정돼 있다. 젖먹이 새끼가 있는 경우, 이적까지는 하지 않는 듯하다. 그러나 수컷은 이런 상태의 암컷조차도 거느리고 싶어한다. 그때에는 포유류의 필살기, 즉 유아살해라는 비상수단에 호소한다.

고릴라의 수유 기간은 3~4년 정도로 그동안에는 당연히 암컷의 발정이 억제된다. 따라서 출산에서 다음 발정 때까지는 도중에 새끼가 죽는다든지 하는 사건이 없다면 4년씩이나 걸린다.

그런데 유아살해는 한창 수컷끼리 투쟁하고 있을 때 일어나는 모양이다. 새끼가 죽임을 당해 발정을 재개한 암컷은 대개 이적을 하고 싶은 충동이 고조되는데 제 새끼를 죽인 수컷에게 정말로 가는지 어떤지는 확인하지 못했다.

포시는 중앙 아프리카의 비룽가 화산군의 사화산인 빙케산 기슭을 주된 관찰지로 삼았다. 여기에는 네다섯 가족의 마운틴고릴라가 서식하고 있었다. 그녀가 베토벤이라고 이름 붙인 수컷 일가도 그중의 하나였다. 그녀는 이 일가와 특히 깊게 교류해 가족의 일원으로 여겨질 정도였다. 그리고 그녀가 그들의 속사정을 알게 됨에 따라 의외의 사실이 밝혀졌다.

지도자인 베토벤은 포시가 연구를 시작한 1969년 당시 추정 연령 40세로 이미 수컷으로서의 한창때를 지났는데도 몇 마리의 암컷과 열 마리 정도의 새끼를 거느리고 있었다. 그는 최고참 마누라 에피와의 사이에 아들 이카루스를 두었다. 이 아들은 성숙해 잔등의 털이 은색으로 변해서도(이 상태의 고릴라는 실버백이라고 불린다) 도대체 하렘을 떠나지 않고 아버지의 한 팔이 돼 하렘을 지키는 데 진력하고 있었다. 이카루스의 헌신은 효자 바로 그것이었다.

그러나 효자란 까딱하면 아버지의 재산을 노리는 존재가 되기도 한다. 이카루스는 베토벤이 늙어서 현역에서 은퇴하자 배다른 누이인 팡티와 진짜 누이인 팩과 교미해 새끼를 낳았다. 이카루스의 노림수는 이런 것이었을까.

그러나 아버지 베토벤도 과거에 딸인 팡티와 배우자 관계를 맺어 새끼를 낳은 전과가 있었음을 분명히 해두지 않으면 안 된다. 그렇다면 이 일가의 수컷에는 뭔가 이상한 피가 흐르고 있는 것일까.

그러나 고릴라의 교미는 암컷 주도형이다. 이런 점에서 부자를 변호하지 않으면 안 될 것이다. 암컷은 발정하면 수컷을 교미하도록 유혹하는 포즈를 취한다. 수컷이 아무리 흥분했다고 해도 그것만으로는 교미를 할 수 없다. 따라서 이 부자의 교미는 어느 경우든 암컷의 유혹 없이는 성립할 수 없으며 비난받아야 할 것은 그 암컷들이다. 특히 아버지, 오빠와도 배우자 관계를 맺은 팡티는 도대체 어떻게 생겨먹은 암컷일까.

그러나 이 암컷들에게만 책임이 있다고 할 수는 없다. 이런 사태를 부른 원인 중 하나는 그녀들을 빼앗아가는 수컷이 좀체 나타나지 않은 데 있다. 다만 이것은 그녀들에게 매력이 없어서라는 의미가 아니다. 이 고릴라는 뭔가 특별한 사정을 감추고 있음에 틀림없다.

하누만랑구르를 생각해보자. 하누만랑구르의 하렘 주변에는 늘 떠돌이 수컷 그룹이 우글거리며 틈을 엿보고 있다. 스기야마 씨가 연구지로 고른 인도의 타르왈 지방에서는 하누만랑구르의 서식 밀도가 특히 높아 하렘마다의 영역은 더 이상 새로 개척할 여지가 없을 정도로 근접해 있다. 이런 조건에서 리더는 자신의 딸이 성숙하기 전에 반드시 떠돌이 수컷에게 쫓겨나 아들들과 아버지가 함께 떠난다. 즉 개체의 생식 밀도가 높은 하누만랑구르로서는 근친교배가 일찌감치 가로막힌다.

마운틴고릴라의 근친교배는 서식 밀도의 저하와 관계가 있는 것이 아닐까. 하렘은 차츰 고립화되고 있다. 딸들은 시집갈 준비가 다 되었는데도 언제까지고 신랑이 찾아오지 않는다. 아들로서도 맨손으로 출발하는 것보다 아버지의 하렘을 이어받아 그것을 근거로 하는 쪽이 유리하다. 근친교배가 일어나는 것도 당연한 이치가 아닐까.

마운틴고릴라가 현재처럼 절멸 위기에 몰리기 전에는 근친교배가 그렇게 쉽게 일어나지 않았는지도 모른다. 다양한 자손을 남기고 싶어도 남길 수 없게 된 그들을 어떻게든 절멸로부터 구해낼 방법은 없는 것일까.

밀월여행
'콘서트' 가기

우리는 아주 친한 사람과 대화할 때 별내용 없는 얘기를 나누는 경우가 많다. 찻집 등에서 한 시간이고 두 시간이고 소곤거리는 연인끼리의 대화도 제3자가 들으면 너무 따분해서 들을 만한 이야기가 못 된다. 그러나 본인들은 너무 너무 즐거워 못 견디겠다는 모습이고 도무지 질리는 기색도 없다.

게다가 얼굴을 아는 사람과 스쳐 지나가며 나누는 인사말도 거의 의미가 없다. "좋은 날씨네요"라고 말한다고 해서 "그래, 이동성 고기압 때문이지"라든가 "우리에게는 좋은 날씨라고 할 수 있지만 쌀농사 농가로서는 꼭 그렇지도 않을걸" 하는 식으로 일일이 신중하게 생각하는 사람이 있을까.

어떤 경우든 중요한 것은 어쨌든 말을 나눈다는 사실 자체이다. 데스몬드 모리스는 이런 대화를 '털 고르기 대화'라고 불렀다. 털 고르기는 많은 영장류가 보이는 행동으로 배우자 관계인 수컷과 암컷 사이에서는 물론이고 부자 사이나 동성의 동료 사이에서도 빈번하게 이루어진다. 몸을 청결하게 유지한다는 본래의 목적 외에 친근한 정을 표시한다는 중요한 기능을 갖고 있다.

우리의 조상 원숭이들도 어쩌면 빈번히 털 고르기를 했을 것이다. 그러나 그들은 엉뚱하게 말을 습득했다. 그리고 그것을 전후해 이유는 분명하지 않지만 대부분의 털을 잃어버렸다. 털이 빠진 것과 언어 습득 사이에 어떤 인과관계라도 있는가는 아직 밝혀지지 않았다. 다만 말이 털 고르기 역할을 하고 있다는 점은 실로 잘된 일인 듯하다.

그런데 인간을 포함한 영장류에서 수컷과 암컷의 털 고르기(또는 털 고르기 대화)가 허용된 범위와 교미가 허용된 범위를 비교해가며 검토하면 제법 재미있는 일을 알 수 있다. 가장 규칙이 엄격한 것은 긴팔원숭이, 티티원숭이 등 일부일처제 생활을 하는 영장류이다. 그들 사회에서는 가족마다 영역이 엄격히 지켜지고 있어 다른 아내나 남편이 개입할 여지가 없다. 더욱이 이런 부부의 끈은 한쪽이 죽을 때까지 계속되므로 그들에게 털 고르기가 가능한 남녀관계는 바로 교미가 가능한 관계를 의미한다.

또 고릴라처럼 일부다처제의 유인원도 마찬가지라고 할 수 있다. 그들도 혼인관계와 털 고르기 관계는 완전히 일치한다.

그러나 제1장에서 밝힌 겔라다비비는 제2수컷과 지도자의 제2부인 사이에 털 고르기를 해도 좋지만 교미를 해서는 안 된다는 미묘한 남녀관계가 존재한다.

인간은 어떨까. 말할 것도 없이 인간은 인사말 정도의 털 고르기 대화를 할 수 있는 상대의 수를 헤아리기 어렵다. 어쩌면 한 사람에 수십 명, 교제 범위가 넓은 사람이라면 수백, 수천 명은 될 것이다. 이것은 복잡하게 짜인 중층 구조를 지닌 사회에 대한 적응 형태라고 봐야 한다. 그러나 적어도 사회 통념상 '교미'가 허용되는 범위는 아주 좁다. 형식상 일부일처제를 유지하는 사회에서는 남편 또는 아내 한 사람에 한정돼 있다. 일부다처제를 허용하는 나라에서도 남편은 법률상 등록된 아내들, 아내는 남편 한 사람과만 몸을 섞을 수 있다. 특히 엄격하게 계율을 지키는 (대개는 엄격한 상호 감시와 밀고에 의해 지켜질 수밖에 없다) 이슬람 사회에서는 이 제도와 실생활이 정말 일치하는 듯하다.

그러나 우리가 아는 많은 사회에서는 불륜이 다반사로 일어난다고 해도 좋을 정도이다. 겉모습과는 달리 뒷구멍으로 간절하게 정을 통하는 것이야말로 인간을 급속하게 인간답게 한 원동력은 아니었을까. 따라서 예의 이슬람 제국에서도 오랜 옛날부터 지금처럼 엄격한 성윤리가 있었다고는 생각하기 어렵다.

그런데 얘기가 많이 빗나갔지만 그렇게까지 심한 인간도 인사를 나누듯 '교미'를 하지는 않는다. 더러 그런 수준에 상당히 근접한 사람도 있겠지만, 그런 사람들조차도 보통은 인간세계의 규칙에 따라 기회가 찾아올 때까지 욕망을 억누르는 정도의 자기 관리 능력은 갖추고 있다.

그러나 침팬지는 정말로 인사 대신에 교미를 해버리는 동물이다. 그런 교미는 주로 대인관계에서 긴장 완화의 방법으로 쓰이고 있는 듯하다. 이런 곡예가 가능한 동물은 그리 흔하지 않지만 이 점에서 침팬지보다 더욱 한 술 더 뜨는 것이 보노보이다. 다만 그들은 제4장에서 마지막으로 화려하게 등장시킬 예정이어서 여기서는 그냥 넘어가기로 한다.

침팬지 집단은 여러 마리의 수컷과 여러 마리의 암컷으로 이뤄지고 대개 난혼으로 짝짓기를 한다. 암컷은 발정하면 집단 내의 수컷들과 차례로 교미한다. 암컷의 엉덩이에는 섹스스킨이라고 불리는 털 없는 부분이 있어 발정하면 여기가 붉고 크게 부풀어 오른다. 그것이 수컷을 교미로 이끄는 신호이다. 37일 정도의 월경 주기에서 월경 때는 쭈그러들어 있던 섹스스킨이 그 후 서서히 부풀기 시작해 10일 정도 지나면 최대로 팽창한다. 이 상태에서 다시 10일 정도 지나 배란하게 되면 섹스스킨은 급속히 시들어 간다. 암컷이 한창 교미를 하는 것은 섹스스킨이 최대로 팽창해 있는 약 10일 동안이다.

엄밀한 의미에서 이 발정 기간 전체에 걸쳐 난혼이 이루어지는 것은 아니다. 배란일이 다가와 암컷이 임신할 가능성이 커지면 역시 지위가 높은 수컷이 암컷을 독점하려고 한다. 따라서 발정 전기의 교미와 후기의 교미는 상당히 다른 의미로 다뤄지지 않으면 안 된다. 전자는 털 고르기나 인사와 마찬가지로 집단 내 수컷들의 관계를 평화롭게 하는 유화 수단으로서의 교미이고, 후자는 생식을 목적으로 한 교미이다. 침팬지가 생식을 목적으로 하지 않는 교미를 한다는 것은 암컷이 임신한 뒤에도 교미를 계속하는 데서 잘 드러난다. 임신 기간의 전기에는 배란하지 않고도 섹스스킨이 붉고 크게 부풀어 오르는 일이 몇 번인가 있는데 그때 그녀는 수컷을 받아들일 수 있다.

한편 암컷의 발정 후기에서의 난제는 누가 보다 긴 시간을 그녀와 함께 지내는가이다. 가장 지위가 높은 수컷이 우선적으로 발정한 암컷을 차지하는 것은 당연하다. 그러나 그는 원래 싸움만 잘해서 지도자가 된 것이 아니다. 침팬지 사회에서는 싸움도 잘하면서 다른 구성원들의 신망을 얻어야 지도자의 지위를 누릴 수 있다. 권위를 믿고 뻐기는 행동은 좋은 계책이 아니다. 일단 다른 수컷들의 불평을 사면 그들의 연합으로 지도자의 자리에서 끌어내려지는 일도 종종 일어난다.

　이런 사태가 오지 않도록 늘 신경을 써서 사전교섭을 해두는 것도 필수 불가결한 마음씀씀이이다. 그들의 정신활동은 우리의 예상을 크게 넘어서는 면도 있다. 프란스 드 봐르가 네덜란드 아넴 동물원의 침팬지 집단(이 동물원에서는 야생 침팬지와 비슷한 규모의 집단이 반야생 상태에서 지내고 있다)을 연구하고 책을 쓰면서 제목을 『침팬지의 정치학』이라고 붙인 데서도 잘 알 수 있다.

　또 상당히 서열이 낮은 젊은 침팬지도 이런 상황을 수수방관하고 있는 게 아니다. 그들도 다음에 보이는 대단히 흥미로운 행동을 하는 것으로 알려져 있다.

　서열이 낮은 수컷에게도 암컷의 발정 전기에는 어느 정도 교미기회가 주어지지만 후기에 이르면 역시 우위의 수컷이 암컷을 독점해버린다. 그 때문에 아무리 시간이 흘러도 자신의 새끼를 임신시킬 기회는 주어지지 않는다. 그것을 아는지 모르는지는 분명하지 않지만 그는 일대 결심을 하고 암컷을 유혹한다. 그는 사랑하는 암컷의 곁으로 가 머리를 숙이고 침묵한다. 귀에다 대고 뭐라고 속삭이는가 싶지만 그렇게 하지 않고 그저 침묵하고 있을 뿐이다. 놀랍게도 그것이 침팬지 사회에서는 "어딘가 먼 곳으로 가자"고 유혹하는 신호인 모양이다. 보통 시끄러운 무리들이기 때문에 이런 태도가 오히려 효과적인 것일까. 덧붙여 암컷의 OK 사인도 마찬가지로 침묵을 지키는 것이다.

이런 두 마리의 관계는 '콘서트(Concert)'라고 불리는데 서열이 낮은 일개 애송이가 특정 암컷을 일주일 동안 독점하는 것이므로 생각할수록 대담무쌍한 행동이다. 더욱이 이런 쌍은 패거리를 피하기 위해 5~10평방킬로미터 이상 되는 영역의 경계부근까지 나아간다. 그러나 영역의 외딴 곳에 도착했다고 해서 안심할 수는 없다. 그곳은 인접 집단에게 격렬한 공격을 받을 수 있어 아주 위험하다. 침팬지 사회는 부계제이기 때문에 암컷은 여차하면 인접 집단으로 이적해버리면 그만이지만 수컷은 그렇지 못하다. 만약 그가 인접 집단의 영역을 침범했다면 재기 불가능할 정도로 치명적인 상처를 입을 것이다. 게다가 무사히 집단으로 되돌아온다고 하더라도 혹독한 처벌이 기다린다. 안 그래도 낮은 서열이 더 내려가는 것이다.

목숨의 위험을 무릅쓰고 신분 승격의 전망까지 포기하면서 침팬지가 콘서트에 의욕을 불태우는 것은 역시 암컷을 임신시키는 일의 매력 때문이라고 말할 수밖에 없다. 서열이 낮은 그는 집단 내에서 얌전하게 규칙에 따라 행동하며 때를 기다려도 좀처럼 서열이 높은 놈들과 맞대결할 수는 없다. 콘서트는 진정 이런 보잘것없는 수컷의 목숨을 건 대역전을 꾀하는 행동이다.

침팬지의 혼인에서는 서열이 제일 높은 수컷의 정치적 흥정도 있고 젊은 수컷의 사랑의 도피인 콘서트도 있다. 이 점에 주목하면 약한 놈에게도 조금은 길이 열려 있는 꽤 융통성 있는 사회가 아닐까 하는 생각이 든다. 거기까지는 괜찮으나 무엇보다도 아쉬운 것은 이 사회에서조차 유아살해의 비극을 피할 수 없다는 점이다.

"침팬지가 유아살해를 한다. 게다가 죽인 새끼의 살을 먹는다." 이런 충격적인 사실을 발견한 것도 일본인 연구자이다. 교토대학의 스즈키 아키라(鈴木晃) 씨 등은 우간다의 브동고 숲에서 관찰을 거듭하는 가운데 이런 사실과 맞닥뜨렸다. 스기야마 유키마루 씨가 하누만랑구르의 유아살해를 발견하고 나서 5년 정도 지난 후의 일이다.

엽식성의 하누만랑구르와 달리 잡식성으로 육식 비율도 꽤 높은 침팬지의 살해된 새끼는 패거리의 식탁에 오른다. 평화적인 일본원숭이에 친숙한 일본 연구자들에게 이것은 머리카락이 곤두서는 광경이었음에 틀림없다. 어떤 경우에 유아살해가 일어나는지에 대해서는 아직 관찰된 예가 드물어 확언할 수 없지만, 암컷이 이적 직후에 새끼를 낳아 그 새끼가 수컷일 경우가 가장 많이 관찰됐다.

수컷의 유아살해는 암컷의 발정을 촉진하려는 것으로 보인다.

기본적으로는 하누만랑구르 등의 경우와 마찬가지 해석이 가능하다.

그러나 침팬지 사회에서는 암컷에 의한 유아살해도 있다. 이것은 같은 집단 내 아는 암컷의 새끼를 다른 암컷이 죽이는 약간 겁나는 이야기이다. 아쉽게도 그 이유에 대해서는 아직도 충분히 해명되지 않았다.

침팬지는 정치적 흥정이나 콘서트 등으로 수컷으로서의 삶에 몇 가지 길이 열려 있어 꽤나 평화로운 사회를 만들었지만 그래도 유아살해를 피하지는 못했다. 또 집단끼리의 심각한 대립관계도 미해결 상태이다. 이 두 가지 점 때문에 침팬지 사회는 아쉽게도 혹독한 사회로 분류될 수밖에 없다. 침팬지 사회가 지금 한 걸음이라도 평화로운 사회로 다가가려면 어떤 해결책을 찾으면 좋을까. 그 방법에 대해 제4장에서 모색하기로 하자.

강간을 통한 성교육

나는 야생동물을 관찰하다 보니 도둑질, 낚아채기, 거짓말, 속임수, 바람기 등을 나쁘다고 생각하지 않게 됐다. 야생동물의 세계에서 그런 것은 조금도 진기한 것이 아니다. 또한 인간에게 어떻게 비치든 비겁하게 생각되는 수법이 당당하게 통용되는 일도 있다. 그런 동물들을 "수준이 낮은 놈들이므로 선악을 모른다"고 대수롭지 않게 생각하는 사람도 있을 것이다. 그러나 원래 선악이란 무엇일까. 야생동물의 세계에서는 작은 악이 있긴 하지만 대신 커다란 악이 생겨나기 어렵다. 나는 선택 가능성과 샛길이 있고 약한 자라고 해도 곧바로 배제되지 않는 유연하고 융통성 있는 사회를 높이 평가하고 있다. 그리고 그것을 감히 '느슨한 사회'라고 부르려고 한다. '느슨한 사회'에서는 놀랍게도 동물계 최대의 죄악이라고 할 유아살해가 일어나지 않는다.

개구리 세계에서는 열심히 울어 암컷에게 구애 신호를 보내는 수컷이 있는가 하면, 조금도 울지 않고 그저 꾹 입을 다물고 숨어 지내는 수컷도 있다. 식객 또는 '새털라이트(Satellite = 시종)'라는 이 수컷은 울고 있는 수컷을 찾아오는 암컷을 가로채려는 것이다.

황소개구리는 인간이 식용할 정도로 아주 살집이 좋은 개구리이다. 단지 그렇게 되기까지는 성장 기간이 상당히 필요하다. 똑같은 수컷이라고 해도 충분히 성장한 관록이 붙은 놈이 있는가 하면 아직 성장 중에 있는 수컷 등 여러 가지 크기가 있다. 물론 이런 젊은 수컷도 이미 충분한 생식 능력을 갖추고 있으므로 암컷을 얻고 싶다는 기분에는 다를 바가 없다. 그러나 곤란하게도 그들이 운다는 것은 암컷을 끌어당기는 행위이지만, 오히려 자신의 빈약함을 드러내는 결과이기도 하다.

개구리의 울음소리가 낮은 것은 몸의 크기와 관계가 있다. 목소리가 낮은 수컷일수록 몸이 크다는 것을 과시할 수 있어서 암컷을 잘 끌어들일 수 있다. 그러나 몸이 작은 수컷은 높은 소리밖에 낼 수 없어서 암컷을 끌어들이지 못한다. 게다가 이런 수컷은 암컷을 둘러싼 진지전에서도 불리해 맞붙어 싸우거나 치고 박다가 커다란 타격을 입기도 한다. 그래서 아직 어리고 체력에 자신이 없는 황소개구리 수컷의 경우, 정공법으로 암컷을 획득하는 것을 단념하고 식객이라는 기묘한 술책을 취한다.

이야말로 약자의 전략이다. 다만 영역권 내의 수컷에게 발각되면 곧바로 쫓겨난다. 설사 암컷의 등에 올라타서 간신히 포접(抱接, 개구리는 수컷이 암컷의 등에 올라 타 암컷이 낳는 알에 정자를 뿌린다. 즉 체내 수정이 아니어서 교미라고는 말하지 않는다)에까지 이른다고 해도 수컷의 눈에 띄면 일찌감치 암컷의 등에서 끌려 내려온다. 식객이 그리 성공률이 높지 않은 전술인 것도 각다귀붙이의 '낚아채기'나 '오야마(女形)'와 마찬가지로 정공법이 아니기 때문이다.

그런데 개구리가 식객이라고는 하지만 은밀한 작전을 취하는 것은 우선 그들이 멈춰 있는 물체를 발견하는 데 서툴기 때문이다. 그리고 또 하나 보다 중요한 이유는 암컷을 둘러싼 다툼이 어둠 속에서 이루어진다는 점이다. 어둠은 젊은이 편을 들어준다.

그러면 어둠은 아니라고 하더라도 낮에도 어둡고 깊숙한 숲속이나 풀더미 속 같은 장소의 조건에서 개구리와 마찬가지 전술을 구사하는 동물이 있어도 이상할 것이 없다. 실제로 보르네오나 수마트라의 깊은 숲 속에 사는 오랑우탄은 개구리와 많이 닮은 전술을 구사하는 것으로 알려져 있다.

오랑우탄 연구는 보르네오에서 시작됐다. 그 결과 우선 밝혀진 것은 그들이 단독 생활을 좋아하는 '고독한 숲의 주민' 이라는 것, 즉 암컷이 새끼를 거느리는 일은 흔히 있어도 다 자란 놈들은 좀처럼 무리를 지어 행동하지 않고 일체의 협력관계를 보이지 않는다는 점이다. 어쨌든 다른 유인원이나 고등한 원숭이류는 예외 없이 어떤 모양으로든 사회를 이루어 협력관계를 맺고 있기 때문에 각자가 따로따로 생활한다는 일은 도저히 생각할 수 없다.

오랑우탄의 수컷은 '롱콜(Long Call)' 이라는, 2킬로미터 이상 떨어진 곳에서도 들릴 것 같은 커다란 소리를 내지른다. 롱콜은 영역 안에서 정착 생활을 하는 수컷, 즉 우위의 수컷만이 내는 소리로 개구리의 울음소리와 실로 비슷한 의미를 지니고 있다.

우선 이 소리는 암컷을 끌어들이기 위한 사랑의 노래이다. 우위의 수컷이 숲 속에서 자신의 거처를 알려 존재를 과시하기 위한 방법은 소리를 이용하는 것 외에 없다. 암컷은 약 한 달의 발정기를 갖고 있으며 배란기가 되면 발정해 우위의 수컷을 찾아온다. 그리고 며칠 동안 같이 행동하며 몇 번 교미를 가진 후 다시 단독 생활로 돌아간다. 대개는 아주 쉽게 임신하는데 그렇게 되면 그녀는 출산과 수유를 마칠 때까지의 6~7년 동안 전혀 발정하지 않는다. 물론 우위의 수컷을 찾아가지도 않는다.

롱콜은 또한 다른 수컷을 배척하기 위한 싸움 노래이기도 하다. 이 소리는 다른 우위의 수컷에게는 영역의 중복을 막아 쓸데없는 다툼을 피하기 위한 '적정거리 조정용'으로 작용하고, 하위의 수컷에게는 위협의 신호로 작용한다. 하위의 수컷이 이 소리의 주인공을 피하는 것은 실제로 그들이 이 소리가 나지 않는 쪽으로 이동해가는 데서 알 수 있다.

그런데 이 하위의 수컷들은 도당을 만들지도 않고 그렇다고 겔라다비비의 제2수컷처럼 우위의 수컷을 추종하는 것도 아니다. 실제로 어떤 생활을 하는지는 대단히 흥미롭다.

그들은 물론 롱콜을 하지 않는다. 그저 침묵하고 우위 수컷의 영역권을 지나가는 떠돌이이다. 그러나 때로는 영역권을 이동하는 암컷과 딱 마주치는 일도 있다. 암컷은 대개 발정기가 끝나 있고 새끼를 데리고 있지만 이 젊은 수컷과의 사이에 다소 곤란한 문제가 생기기도 한다.

유인원의 암컷은 침팬지와 같이 엉덩이의 섹스 스킨이 붉고 크게 부풀어 오른다거나 고릴라처럼 암컷이 수컷을 유혹하는 자세를 취하는 등의 발정 신호가 있는 게 보통이다. 그러나 오랑우탄은 눈길이 미치지 않는 숲 속에서 생활하고 암컷은 발정하면 자진신고를 하듯 우위의 수컷을 찾아간다. 그래서 암컷이 수컷에게 발정했음을 알리는 신호가 발달하지 않았다. 즉 수컷의 입장에서는 암컷이 발정기에 있든 아니든 똑같이 매력적으로 보이는 것 같다.

떠돌이 수컷과 발정기가 끝난 암컷이 만나면 어떻게 될까. 수컷은 싫다고 비명을 지르는 암컷에게 교미를 강요한다. 인간의 말로 치자면 '강간'에 해당하는 광경이 벌어지는 것이다. 이것은 다른 유인원에서는 있을 수 없는 일이다. 또 발정기가 끝난 암컷은 새끼를 데리고 있는 경우가 많아서 그때는 새끼가 보는 앞에서 '강간' 당하고 만다.

암컷이 발정을 알리는 신호가 확실하지 않다는 것을 고려하더라도 하위 수컷의 이 행동은 우리 인간에게는 도저히 바람직한 것으로 생각되지 않는다. 그러나 나는 이것을 감히 호의적으로 해석해보려고 한다. 그 결과 다다른 결론은 이것이 어쩌면 '성교육'이 아닐까 하는 것이다.

새끼가 젖을 빨고 있는 한 어미는 발정하지 않고 그 때문에 새끼를 데리고 우위 수컷을 찾아가는 일은 일어나지 않는다. 또 새끼는 젖을 떼고 일단 자립하면 거의 혼자서 지낸다. 즉 새끼에게는 이때를 빼고 교미 방법을 배울 기회가 없는 게 아닐까, 어미가 강간당하는 광경은 드문 학습의 장으로서 필수 불가결한 것은 아닐까.

더욱이 내가 이렇게 생각하는 것은 붉은털원숭이에 대한 다음과 같은 유명한 이야기가 있기 때문이다. 어떤 사람이 집단에서 떨어져 자란 붉은털원숭이의 수컷을 집단 속에서 평범하게 자란 암컷과 함께 있도록 했다. 그러자 그 수컷은 암컷이 발정해 매력적이라는 것을 알면서도 어떻게 하면 되는지 몰라서 암컷의 옆 구리에 안간힘을 다해 마운트(Mount)[7]하려고 했다는 것이다. 붉은털원숭이는 일본원숭이와 가깝고 수십 마리씩 무리를 이루어 생활한다. 이 원숭이 수컷도 평범하게 지내왔다면 얼마든지 교미 장면을 목격할 수 있었을 것이고, 성교육을 받으면서 놀 수도 있었을 것이다.

그러나 성숙한 오랑우탄끼리의 다툼은 때로 격렬하다는 말로 도모자랄 정도이다. 그들이 뼈가 부러지거나 한쪽 눈을 잃는 등의 비참한 모습을 하고 있는 예가 자주 관찰된다. 이런 다툼은 모두 안정성 있는 우위 수컷이 되기 위한 시련일 것이다. 그렇게 생각하면 아직 체력적으로 승산이 없는 수컷은 일부러 우위 수컷에게 싸움을 걸어 중상을 입을 까닭이 없다. 싸우는 대신 떠돌이가 됐다가 때가 무르익으면 승부를 다투려는 방법이 제법 현명한 선택일 것이다. 게다가 이리저리 떠돌다가 운이 좋으면 새끼를 남길 기회를 부여받을지도 모른다. 때로는 발정해 있는 암컷

---

7. 동물의 교미는 대개 수컷이 말을 타듯 암컷에 올라타는 형태로 이뤄지기 때문에 동물학에서는 이렇게 표현한다.

과 만나는 일이 있기 때문이다. 이런 생활은 황소개구리의 '식객'과 마찬가지로 약자를 위해 준비된 귀중한 샛길로서 오히려 높게 평가받아 마땅한 것은 아닐까.

그런데 지금까지는 보르네오의 오랑우탄 이야기였다. 그렇게 단정할 수 있는 것은 수마트라에서의 연구가 시작되자 보르네오와는 상당히 사정이 다르다는 게 알려졌기 때문이다. 놀랍게도 수마트라의 오랑우탄 암컷은 떠돌이 수컷을 받아들인다고 한다. 암컷은 정확히 발정기에 우위 수컷과 며칠 동안 함께 행동하는 것과 마찬가지로, 발정기가 아니더라도 떠돌이 수컷과 지낸다. 게다가 성숙한 수컷이라도 보르네오에서는 서로 적대시하고 어디까지나 고독을 지키지만, 수마트라에서는 함께 먹이를 먹는 등 상당한 사회성이 용인돼 있다는 것이다.

보르네오와 수마트라에서 왜 이렇게 차이가 있을까. 오랑우탄 연구의 제1인자인 존 매키넌은 수마트라에는 호랑이가 있지만 보르네오에는 없기 때문이 아닐까 하고 말한다. 즉 수마트라에서는 집단으로 있는 장점이 단독 생활의 장점(주식인 과일을 둘러싼 다툼과 전염병을 피할 수 있다)을 웃도는 것은 아닐까. 집단 생활을 하는 쪽이 호랑이를 발견하기 쉽고 협력해서 방어할 수도 있다. 게다가 설사 누군가 호랑이 이빨에 물린다 해도 다른 구성원은 그 사이에 달아나면 된다. 신변의 안전을 기하는 것이야말로 긴급과제일 것이다. 수마트라의 오랑우탄은 보르네오의 오랑우탄이 그 정도로까지 고집하는 단독 생활을 깨끗이 버린 것이다.

어쨌든 보르네오에서도 수마트라에서도 오랑우탄이 유아살해를 한다는 이야기는 들은 적이 없다. 그것은 어쩌면 그들이 '느슨한 사회'를 형성하고 있음에 틀림없는 반가운 일이 아닐까 하는 생각이다.

암컷인 척 위장하기

기네스북에 따르면 세계에서 가장 많은 자식을 남긴 남자는 모로코의 마지막 황제 무레이 이스마일(1672~1727년)이라고 한다. 그는 1703년까지 아들 525명, 딸 342명을 낳았고 계속 자식을 늘려 1721년에는 700번째 아들을 보았다. 그러고도 당연히 자식 만들기를 계속했겠지만 본인도 더 이상 셀 수 없었던지 최종 기록은 알려지지 않았다.

한편 여자 쪽 챔피언은 제정 러시아 시대 모스크바에서 동쪽으로 240킬로미터 정도 떨어진 마을인 슈야의 농부 표도르 바실리예프의 첫 아내(이름은 불명)이다. 그녀는 27회의 출산으로 모두 69명의 아이를 낳았다. 16회는 쌍둥이, 7회는 세쌍둥이, 4회는 네쌍둥이였다. 즉 한 번에 한 명을 낳은 적은 한 번도 없었다는 계산이 나온다. 어쩌면 이 예가 드문 동시다산의 능력이 그녀를 세계 제일의 자리로 이끌었으리라고 여겨진다. 당시 러시아 여제 에카테리나 2세는 수도원을 통해 들어온 이 보고에 커다란 관심을 보였다고 한다.

그래도 남녀가 각각 인간으로서의 한계에 도전(?)한 결과 확실히 알게 된 것은 여자가 아무리 노력해도 낳을 수 있는 아이의 수에는 한계가 있지만 남자는 조건만 갖춰지면 거의 무제한으로 아이를 만들 수 있다는 점이다.

야생동물의 세계로 눈을 돌려보면 바다코끼리(walrus), 강치, 물개 등 일부다처제 생활을 하는 기각류(鰭脚類, 배지느러미를 발로 이용하는 바다의 포유동물)는 우위 수컷이 몇십 마리의 암컷을 거느리고 하렘을 형성해 아주 많은 자손을 남긴다고 알려져 있다. 바다코끼리의 하렘은 특히 커서 어느 하렘의 리더는 200여 마리의 새끼가 있었다고 한다. 이것은 한 번에 한 마리를 낳는 야생동물에서 수컷이 가질 수 있는 새끼 수의 기네스북 기록인지도 모른다.

한 마리의 수컷이 많은 암컷을 거느리고 새끼를 낳는 것은 그 자체로는 대단히 반가운 일이다. 그러나 수컷의 생식 활동에는 늘 진짜 아버지는 누굴까 하는 부성 신뢰도 문제가 따라다닌다는 점을 잊어서는 안 된다. 단 한 마리의 암컷(아내)을 감시하는 것조차 어려운데 이렇게 많은 암컷이 있다면 무슨 일이 일어날지는 미루어 짐작할 수 있을 것이다.

최고 권력자인 황제는 남자 내시로 하여금 아내를 감시하게 한다. 그 경우 내시와 처 사이에 불상사가 없도록 거세하고 나서 등용했던 것이다. 내시는 중국의 환관뿐만 아니라 고대의 서아시아, 그리스, 로마, 인도 등에도 존재했다고 한다.

한편 바다코끼리는 하렘의 지도자가 되더라도 역시 기댈 곳이라고는 자기 자신밖에 없기 때문에 눈물겨울 정도로 노력할 수밖에 없다. 번식기가 되면 몇 달 동안 거의 아무것도 먹지 못하고 하렘을 지키는 데 전념한다.

북아메리카나 멕시코 서해안에 있는 북바다코끼리의 번식기는 1, 2월이고 남극바다의 남바다코끼리의 번식기는 10, 11월이다. 그들은 광대한 바다를 회유하면서 물고기나 오징어 등을 먹어 충분한 영양을 섭취한다. 그리고는 해안에서 가까운 섬 등 정해진 번식 장소로 매년 찾아온다. 바다코끼리라는 이름은 성숙한 수컷의 코가 길게 뻗어 있는 데서 유래했다. 때로는 3톤 이상이나 되는 수컷의 거구도 코끼리를 연상시킨다. 그들은 이 코에 공기를 불어넣어 부풀리고는 트럼펫 같은 소리를 낸다. 그 소리로 상대를 으르며 서로 격렬하게 몸을 부딪쳐 싸운다. 더욱이 소중한 코에 공격을 집중한다.

암컷들이 회유에서 돌아오기 몇 달 전에 상륙한 수컷들은 이렇게 미리 순위 결정전을 치른다. 암컷들은 적당한 기회를 봐 상륙하고는 우선 번식에 알맞을 것 같은 모래사장 등에 모여 무리를 이룬다. 순위 결정전에서 상위권을 획득한 수컷들은 그런 장소를 영역으로 삼아 하렘을 형성하는데 나머지 수컷은 하렘 주변의 물가로 내몰린다.

하렘의 지도자로서는 모처럼 손에 넣은 교미권을 곧바로 행사하고 싶지만 그렇게는 안 된다. 암컷은 전년의 번식기에 임신해 10개월의 회유 기간 중에 소중하게 키워온 뱃속의 새끼를 우선 출산해 독립할 수 있을 때까지 키우지 않으면 안 되기 때문이다. 수유 기간은 3~4주 정도로 암컷은 지방이 풍부한 진한 젖을 내서둘러 새끼를 성장시킨다. 수유 기간이 짧은 것은 2개월 정도의 번식 기간에 출산, 수유, 교미라는 스케줄을 차례차례 처리해야 하기 때문이지만, 또 하나의 중대한 이유는 수컷에 의한 유아살해를 막기 위해서가 아닐까 하는 생각도 든다.

하렘의 지도자는 암컷과의 교미를 당분간 기다린다. 만약 그해와 지난해의 하렘 지도자가 바뀌지 않았다면 암컷이든 수컷이든 그리 서두를 필요는 없을 것이다. 그러나 바다코끼리 사회에서는 수컷끼리의 경쟁이 치열해 하렘의 지도자는 해마다 어지럽게 바뀐다. 즉 암컷이 낳은 새끼의 아버지는 대개의 경우 그 해 하렘의 지도자와는 다르다. 암컷으로서는 한시라도 빨리 새끼가 성장해 젖을 떼야 한다는 생각 때문에 시간의 흐름이 아주 더디게 느껴질 것이다. 그렇지 않으면 발정할 수 없기 때문이다. 또 이 시기의 암컷은 새끼 보호와 식사 시간을 절약하기 위해 거의 아무것도 먹지 않고 지낸다고 한다.

그런 고생한 보람이 있어 바다코끼리 사회에서는 의도적인 유아살해는 일어나지 않는다고 한다. 다만 '과실치사'는 때때로 일어나는 듯하다. 새끼는 때로 하렘의 지도자와 하위 수컷과의 싸움에 말려들어 깔려 죽는다.

일반적으로 암컷의 소유권을 둘러싸고 수컷끼리 격투를 하는 동물 세계에서는 대개 강한 수컷이 진화한다. 바다코끼리 수컷의 경우 순조롭게 하렘의 리더가 되면 평균 40마리의 암컷을 거느릴 수 있다. 이 극단적인 성적 불균형을 반영해 수컷의 체중은 암컷의 3~4배에 이른다. 즉 수컷의 체중이 2.5톤에서 때로는 3톤 이상 되는데도 암컷은 1톤도 안 된다. 갓난아기의 체중은 50킬로그램 정도이므로 거구의 레슬러끼리 한참 싸우고 있을 때 링에 던져진 고양이와 같은 신세가 된다.

바다코끼리의 수명은 제대로 천수를 누리더라도 암컷, 수컷 모두 10여 년 정도이다. 암컷은 3~4세 때 새끼를 낳기 시작해 매년 한 마리일망정 착실하게 새끼를 늘려간다. 즉 암컷은 암컷으로서의 삶에서 특별히 일탈하지 않는 한 확실히 일정한 새끼를 남길 수 있다.

그러나 수컷에게는 예상을 벗어난 커다란 시련으로 가득 찬 삶이 기다리고 있다. 수컷도 4세 정도면 성숙해지는데 이때는 아직 몸의 크기도 불충분하고 다 자란 수컷임을 과시하는 특징적인 코도 자라지 않는다. 그들이 제구실을 하는 수컷으로 인정받아 수컷끼리의 순위 결정전에 참가할 수 있는 것은 아무리 일러도 7~8세 무렵이다. 그래서 매년 행해지는 순위 결정전에서 상위권에 들면 암컷과의 교미권을 손에 넣고, 그렇게 안 되면 다시 이듬해에 희망을 거는 것이다.

다만 이 싸움이 매년 같은 상대끼리 벌어지는데도 불구하고 순위에 대한 연공 서열식 시드 배정이 이뤄지지 않는다는 것은 흥미롭다. 순위가 오직 실력만으로 결정되는 바다코끼리 사회에서는 타고난 힘이 모자란 수컷은 평생 하렘의 지도자가 되지 못하는 심한 면도 있다. 그러나 그런 수컷은 정말 일생 동안 아무런 혜택을 받지 못하는 것일까.

나는 여기서 바다코끼리 수컷이 다 자라서도 순위 결정전에 참가할 자격을 얻지 못하는 청년기를 어떻게 보낼까에 생각이 미친다. 그들이 그런 중요한 시기를 그냥 보낸다고 생각할 수는 없다. 영장류라면 번식에 참가할 수 없는 이런 수컷은 떠돌이 수컷으로서 무예수업 여행을 계속한다든지, 그룹으로 있다가 실력이 갖춰지면 어느 하렘을 습격한다. 그러나 청년기의 바다코끼리 수컷은 다 자란 수컷에 비해 훨씬 몸이 작고 그들과는 싸움이 되지 않는 애송이다.

바다코끼리 연구자들의 세심한 관찰에 의해 밝혀진 것은 청년기의 수컷들이 개구리나 오랑우탄의 예에서 보듯 약자의 전략을 취한다는 것이다. 그들은 코가 이제 겨우 자라기 시작한 차이가 있을망정 몸 크기나 형태로는 성숙한 암컷과 그리 다르지 않다. 그래서 자세를 낮춰 코를 숨기고 암컷에 다가가는 작전이 가능하다. 하렘의 지도자가 이 낯선 '암컷'에 대해 흥미를 갖고 다가올지도 모른다. 그러나 중요한 것은 진상이 드러나기 전에 재빨리 교미해버리면 그만이라는 점이다.

이런 오야마(女形)의 예는 전에도 밝힌 각다귀붙이 외에 블루길이라는 물고기와 도롱뇽 등에서도 찾아볼 수 있다. 그 방법은 오야마 수컷이 이제 막 교미를 하려는 둘 사이에 끼어들어 경쟁자 수컷에게는 암컷으로 착각하게 해 교미권을 훔치는 복잡한 것이다. 더욱이 뇌가 그리 발달하지 않은 동물이 택하는 이런 종류의 행동은 비록 교활한 기교로 보이더라도 보이는 모습이 그렇다는 것이고, 그들은 단지 유전자 프로그램에 따라 이른바 '무심히' 행동할 뿐이다.

그러나 바다코끼리만큼 뇌가 발달한 동물은 자신의 행동을 제법 객관적으로 인식할 수 있다. 즉 "하렘의 지도자는 왠지 나를 암컷이라고 생각하는 모양이야, 잘됐어" 하는 정도의 인식은 대체로 갖고 있다고 볼 수 있다.

어쨌든 이렇게 능숙하게 오야마 연기를 할 수 있는 능력을 지닌 놈은 뒤로 몰래 자손을 남겨 그 능력을 후대에 전할 수 있다. 바다코끼리는 몸이 크고 힘도 센 정통파 수컷과 함께 오야마 연기 능력을 지닌 수컷도 진화해온 것이다. 또 애석하게도 하렘의 지도자가 되지 못하고 오야마 연기를 하기에도 너무 성장해버린 수컷은 번식기의 대부분을 멀리 떨어져 하렘을 돌며 침을 삼키는데 그들에게도 남겨진 기회가 있다. 번식기 끝 무렵에 암컷들은 왠지 발정한 상태로 바다로 돌아가기 때문이다. 그들은 이 최후의 기회를 놓치지 않으려고 암컷을 따라가 바닷속에서 교미를 한다. 말 그대로 막바지 교미이다.

바다코끼리 수컷은 너무 많은 암컷을 독점하려고 한다. 그 때문에 그들은 오히려 손해를 보는 것이 아닐까 하는 생각이 든다. 그러나 "마누라 수를 제한해 견실하게 지키는 쪽이 낫다"고 충고하는 것도 생각해볼 문제이다. 낙오자 수컷의 번식 성공 희망이 끊겨 그들이 결속해 하렘을 빼앗으려 들면 잇따라 유아살해라는 뻔한 참극이 일어날 수도 있기 때문이다. 모처럼의 평화로운 사회도 지도자가 조금만 방침을 변경하기만 하면 바로 '혹독한 사회'로 바뀔 위험을 안고 있다. 약자에게도 샛길이 마련돼 있다―구차스러운 듯해도 중요한 일이다.

모계 중심의 난혼 사회

1960년 1월 19일 '원숭이가 된 남자'라는 별명을 지닌 하자마 나오노스케(間直之助)는 눈이 깊이 쌓인 히에이잔(比叡山)[8]에서 일본원숭이(Japanese monkey) 무리를 추적하고 있었다. 곤본추도(根本中堂)[9] 뒤편 호젠도(法然堂)의 무밭에 이르렀을 때의 일이다. 거기에서는 원숭이 무리가 야생 식물과는 맛이 다른 재배 식물의 맛을 즐기고 있다가 갑자기 나타난 인간에 놀라서 사방으로 흩어져 달아났다. 그러나 그중 한 마리가 계속 느긋하게 무

---

8. 교토 북쪽에 있는 산으로 꼭대기에는 회전 전망대와 고산식물원 등이 있다.
9. 히에이잔에 있는 천태종의 대사찰 엔레키지(延曆寺)의 대웅전. 이 절에는 그밖에도 호젠도(法然堂), 요카와추도(橫川中堂), 텐호린도(轉法輪堂) 등의 건물이 있다.

를 먹고 있었다. 가까이 다가가도 그놈은 달아날 시늉조차 하지 않았다. 게다가 그 얼굴을 자세히 보니 어디선가 본 듯한 생각이 들었다. 당시 하자마 씨는 막 히에이잔에서 원숭이에게 먹이를 주기 시작했는데 그에 앞서 수년 간 아라시야마(嵐山)[10]에서 먹이 주기를 시도해 성공했다. 그 원숭이는 분명히 아라시야마에서 본 적이 있는 얼굴이었다.

소식을 들은 아라시야마 연구자들이 달려와 5개월 전까지 아라시야마 무리에 같이 있다가 이후 행방불명이 된 수컷 원숭이 '치쿠샤'임을 확인했다. 반갑게도 치쿠샤는 그들을 옛 친구로 인정했다고 한다.

치쿠샤라는 기묘한 이름은 몸이 작고 얼굴이 으깨어져 있는 데서 유래[11]했다. 기가 약하고 어수룩한데다 엉덩이를 흔들며 걷는 버릇이 있다. 원숭이 세계에서 어떤 평가를 받는지는 모르지만 인간의 기준으로 치면 풍채가 시원스럽지 못한 남자이다. 그가 소속해 있던 아라시야마 무리란 문자 그대로 아라시야마 일대를 이동지역으로 삼는 원숭이 무리를 뜻한다.

도게쓰쿄(渡月橋)[12]를 내려다보는 이와타야마(岩田山)의 자연

---

10. 교토 서쪽에 있는 낮은 구릉으로 단풍과 벚꽃이 유명하다.
11. '작다'는 '치이사이(小さい)'와 '으스러지거나 부서지는 모습'을 나타내는 의태어 '쿠샷토(くしゃっと)'를 합쳐 줄이면 '치쿠샤'가 된다.

관찰 오두막 부근에는 때때로 무리가 나타나 관광객을 크게 즐겁게 하는데 이 산의 등산로 입구에는 몇 가지 주의사항과 함께 인상적인 말이 적혀 있다. '이곳의 원숭이는 사람한테 익숙하지만 따라가서는 안 됩니다.'

여기서는 철망 너머로가 아니라 직접 야생 원숭이들과 접촉할 수 있다. 다만 그때 쓰다듬는 것은 물론 지그시 응시하는 것도 금지돼 있다. 사람과 원숭이가 서로 무관심한 듯 가장하면서 서로 관찰하자는 약속이다. 하자마 씨 등은 1954년부터 2년 동안 이곳의 무리에게 먹이 주기를 하며 야생동물 관찰을 했다.

히에이잔은 그곳에서 북동쪽으로 직선거리 18킬로미터 떨어진 곳에 있다. 원숭이가 시가지를 가로질러 이동할 리가 없으므로 치쿠샤는 북쪽 산악지대를 돌아왔을 것이다. 틀림없이 산을 넘고 골짜기를 건너는 힘든 여행이었을 텐데도 하자마 씨에 따르면 이렇게 아라시야마에서 히에이잔까지 찾아왔다고 여겨지는 원숭이가 또 있다고 한다. 히에이잔과 아라시야마 원숭이 무리 사이에 직접적 접촉이 있다고는 여겨지지 않으므로 그들은 처음부터 히에이잔 무리를 찾아간 것은 아닐 것이다. 무리를 떠난 데는 뭔가 깊은 사정이 있다고 생각된다.

---

12. 교토 북서쪽 오이가와(大堰川)에 걸린 다리로 아라시야마의 중심을 이룬다. 폭 11미터, 길이 155미터의 규모이다.

일본원숭이는 여러 마리의 수컷과 여러 마리의 암컷, 새끼들을 합쳐 수십 마리, 때로는 백 마리를 넘는 집단을 형성하고 생활한다. 혼인 형태도 대체로 난혼으로 침팬지와 닮은 점이 많다. 다만 침팬지 사회가 부계제여서 암컷이 집단을 이적하는 데 비해 일본원숭이는 모계제로서 수컷이 집단을 옮겨 다닌다는 점이 우선 크게 다르다. 게다가 떠돌이 원숭이라는 '자유인'이 존재하는 것도 독특한 점이다.

떠돌이 원숭이는 예외 없이 다 자란 수컷이며 가끔 무리 주변에 출몰하는 이외에는 단독으로 행동하는 특수한 생활양식을 갖고 있다. 이런 생활은 침팬지 사회에서는 있을 수 없다. 침팬지 사회에서는 다른 집단의 수컷끼리는 철저히 적대시하기 때문에 한 마리의 수컷이 패거리를 떠나 떠도는 행위는 위험하기 그지없다. 일본원숭이 사회에서도 더러 죽는 놈이 나올 정도의 격렬한 싸움이 벌어지기도 한다. 그래도 떠돌이 원숭이 같은 자유인이 용인되는 것은 그들 사회가 역시 평화적이기 때문일 것이다.

떠돌이 원숭이는 가을에서 겨울에 걸쳐 무리 주변에 출몰한다. 이 시기가 교미기에 해당하기 때문이다. 암컷들은 모두 일제히 발정해 무리 안은 발정한 암컷이 넘치는 상태가 된다. 그럼 암컷 가운데서 스스로 수컷을 찾아 무리의 주변까지 나가는 놈도 나타난다. 떠돌이 원숭이는 1년에 한 번 집단과의 접촉 기회를 가질 수 있다.

그런데 먹이터 등에 몇 마리씩 모여 있는 원숭이들의 꼬리를 보고 있으면 재미있는 사실을 알 수 있다. 그중 한 마리만이 꼬리를 위로 올린다. 그 원숭이는 거기 모여 있는 원숭이들 가운데 서열이 가장 높은 개체이며 만약 서열이 더 높은 개체가 나타나면 꼬리를 내리지 않으면 안 된다. 또 두 마리의 원숭이 사이에 귤을 굴려 넣어주면 반드시 서열이 높은 놈이 집는다. 더러 서열이 높은 놈이 서열이 낮은 놈에게 양보하는 일도 있으나 이때는 낮은 놈의 엉덩이에 올라타서 서열 확인을 끝내고나서야 그렇게 한다.

이런 일본원숭이 서열제의 기초가 되는 것은 주로 나이와 그 무리의 구성원이 된 후의 '근속연수'인 것 같다. 즉 일본원숭이 사회는 기본적으로 연공서열제이다. 얌전하게 규칙을 따르는 한 순위는 서서히 올라간다. 그러나 이 시스템은 최종적으로 지도자의 자리에 앉는 것이 '동기' 수컷 가운데 극히 일부에 지나지 않는 혹독한 면도 있다. 게다가 지도자가 되기 위해서는 나이와 싸움 능력도 그렇지만 암컷들로부터 어떻게 지지를 받는가도 중요한 점인 듯하다.

암컷은 보통 동년배의 수컷에 비해 서열이 낮으나 그것은 겉으로만 그런 것이고, 모계제의 일본원숭이 사회에서는 암컷 쪽이보다 강한 결속력을 갖고 있어 대단한 권세를 자랑한다. 이른바 배후의 지배자인 암컷들은 새로운 지도자 옹립의 막후 인물로 작용한다. 지도자의 자리를 노리는 수컷은 평소에 그녀들, 특히 나이 든 암컷들에게 마음을 써두지 않으면 안 된다.

한편 떠돌이 수컷이 되는 것은 반드시 중간에 승진이 막혀서만은 아니다. 분명히 무리를 지어 생활하면 집단방위로 몸의 안전을 보장받을 수 있고, 서로 털 고르기를 해주므로 자신의 손이 닿지 않는 몸 구석구석까지 깨끗이 해서 건강을 유지할 수 있다. 그 대신 서열제라는 엄격한 규칙으로 꼼짝달싹할 수 없는 것도 사실이다. 게다가 승진을 하기 위해서는 각 방면에 많은 신경을 써야 한다.

여기서 바로 걱정거리가 생긴다. 수컷이 떠돌이 원숭이라는 삶의 방식을 택하는 심리 과정은 인간의 '탈(脫) 월급쟁이' 경우와 그리 다르지 않을지도 모른다. 원숭이 사회에도 그런 길이 있다는 점을 영장류로서 우리는 함께 기뻐해야 할 것이다. 불만분자가 에너지를 발산하려고 해도 적당한 배출구가 없으면 유아살해 등의 곤란한 사태가 발생한다는 것을 우리는 배워왔다.

치쿠샤는 아라시야마 무리를 떠나 일단 떠돌이 원숭이가 됐으나 결국에는 히에이잔 무리의 구성원으로서 정착했다. 그러나 우선은 아라시야마에 있을 때보다도 낮은 서열에 만족하지 않을 수 없다. 신입생은 낮은 서열에서 다시 출발하는 것이 통칙이기 때문이다. 치쿠샤는 결국 편안한 회사를 고른 것일까(떠돌이 원숭이는 최근 '솔리터리'라고 불리게 됐고 조금 견해도 달라진 듯하다).

일본원숭이 사회에서 유아살해가 발견됐다는 보고가 전혀 없는 것은 아니다. 그러나 그런 것들은 어떤 사고일 것으로 생각되는 것들뿐이어서 적어도 하누만랑구르처럼 정례화한 유아살해는 일어나지 않는다. 그것은 무엇 때문일까.

이를 설명하기 위해서는 우선 그들의 유연한 사회 구조에 주목할 필요가 있다. 일본원숭이는 난혼으로 짝짓기를 한다. 그러나 완전히 공평한 난혼이란 좀체 존재하기 어려운 법이다. 이 사회에서도 역시 서열이 높은 수컷이 암컷을 독점하는 경향이 있다. 다만 중요한 점은 지도자가 되는 것만이 수컷의 유일한 길이 아니며, 한편으로는 떠돌이 원숭이 같은 멋진 삶의 방식도 있다는 것이다. 수컷이 자손을 남기는 수단으로서 몇 가지 길이 있다. 어떤 방법이 안 통하더라도 그것으로 끝나지 않으며, 그밖에도 다른 기회가 남아 있는 사회이기 때문이다. 그런 융통성 있는 사회이기 때문에 평화를 유지할 수 있는 게 아닐까.

또 일본원숭이 사회가 모계제의 난혼이라는 점도 의외로 중요할지 모른다. 하누만랑구르나 사자 사회도 분명히 모계제이지만 수컷이 하렘을 빼앗는 데 성공했을 때 암컷이 안고 있는 젖먹이 새끼는 절대로 그의 새끼가 아니다. 그러나 일본원숭이에서는 수컷의 전출입이 다반사로 일어나는데다 난혼을 용인한다. 그 때문에 새끼의 아버지가 누군지는 잘 알 수 없다. 수컷이 유아살해를 하다가는 자칫 자신의 새끼를 죽이는 결과가 될 수도 있다.

반면 난혼이지만 부계제인 침팬지 사회에서는 암컷이 데리고 있는 새끼가 절대로 자신의 새끼는 아닐 것이라고 수컷이 확신할 수 있는 경우가 있다. 예를 들어 알지 못하는 암컷이 새끼를 데리고 길을 잃고 왔다든가, 그런 암컷이 이적 후 얼마 안 돼서 새끼를 낳거나 하는 경우이다.

유아살해는 그런 때 자주 일어나는 듯하고 암컷은 아무런 대응책이 없다. 부계제이기 때문에 나타나는 가장 큰 문제는 암컷이 결속할 기회가 좀처럼 없고 새끼의 소유 문제에서 어미의 입장이 약화됐다는 점이다.

그런데 다음 대목에서 드디어 보노보(그들의 사회는 부계제인데도 불구하고 유아살해를 볼 수 없다)가 등장해 그들이 어떻게 어미의 입장을 강화해서 독자적으로 평화로운 사회를 만들었는지 그 솜씨를 자세히 살펴보도록 하자.

프리섹스가 만든
이상향

인간인 여자는 월경 주기는 있어도 발정 주기는 없다. 즉 발정기와 비발정기라는 구별이 없다. 만일 인간인 여자에게 발정주기가 있어서 침팬지 엉덩이의 섹스 스킨처럼 유방이 부풀었다 오므라들었다 하면 어떻게 될까. 유방은 실제 엉덩이의 자기 모방이라고 한다. 어느 때는 부풀어 남자들의 관심을 끌었다가 어느 때는 오므라들어 남자들이 전혀 상대하려고도 하지 않는다면 어떻게 될까. 다행스럽게도 인간인 여자의 경우 유방은 늘 부풀어 있어서 언제든 남자를 끌어들일 수 있는 구조로 돼 있다. 이것은 교미(성교)가 생식만을 목적으로 하고 있는 게 아님을 보여준다.

여자의 유방에는 흔적으로 남은 것이지만 다음과 같은 놀랄 만한 현상이 있음을 남자들은 알까. 월경을 조금 앞둔 며칠 동안 유방이 약간 부풀어 오른다. 유방이 가장 많이 부풀어오르는 때가 배란기가 아니라 임신 가능성이 전혀 없는 시기라는 것은 인간의 성적 활동이 분명히 생식과는 분리된 다른 의도를 갖고 있음을 보여준다. 다만 인간이 생식 이외의 목적으로 성을 이용하더라도 무엇을 위해 이용하는지에 대해서는 정설이 없다.

데스몬드 모리스는 일찍이 "성은 남자와 여자의 유대를 강화하기 위해 이용되고 있다"고 밝혔다. 즉 남편이 사냥하러 나가 먹잇감을 갖고 처자에게 돌아오는 인류 초기 생활양식 속에서 부부의 관계를 길게 유지하기 위해서는 서로 정신적 유대를 강화할 필요가 있었다. 성은 그것을 위해 이용됐다는 것이다. 남편이 돌아왔을 때 아내가 발정해 있으면 여자의 매력을 풍길 가능성이 있다. 반면 전혀 발정하지 않아 단순한 중성적 생물로 비쳐진다면 유대는 약해질 것이다. 최악의 경우, 남편은 다른 여자를 찾아가거나 아예 돌아오지 않을지도 모른다. 아내는 남편을 붙잡아두기 위해, 또 남편이 사냥하러 나가 있는 동안에도 자신의 매력이 넘치는 모습을 잊지 않도록 하기 위해 항상 발정하게 됐다는 것이다.

나도 기본적으로는 이 설에 찬성한다. 다만 세상의 남자들이 대단히 기뻐했을 이 해석에 다소의 불만을 감출 수 없다. 모리스와는 전혀 다른 관점에서 이 문제를 다시 생각해보려고 한다.

예를 들어 남편이 사냥하러 나가 한동안 아내가 집을 지키지 않으면 안 되는 상황을 생각해보자. 그때 전혀 낯 모르는 남자가 찾아와 그녀를 핍박하는 사태도 일어날 수 있다. 그러나 그녀가 젖먹이 아이를 안고 있어 그 때문에 발정하지 않는 상태에 있다면 어떻게 될까. 남자는 포기하고 물러날까. 현명한 독자 여러분이 이미 알아챘듯 이 경우 남자는 유아살해라는 강제수단에 호소해 그녀를 발정 상태로 이끌려고 할지도 모른다.

또 이것을 남편 쪽에서 생각해보면 어떻게 될까. 발정한 아내를 두고 사냥하러 나가는 것은 확실히 걱정되는 일이지만, 그렇다고 발정하지 않은 아내를 남겨두고 가는 것은 더욱 위험하다. 그에게는 자식이 살아남는 것이 최우선이다. 그러기 위해서는 아내의 '부정'을 꾹 참아야 한다.

여자가 발정 주기를 갖지 않게 된 것은 언제든지 남자를 받아들이기 위해서라는 점은 다르지 않지만, 그 경우 남자란 남편뿐만 아니라 남자 일반을 가리키는 것이다. 즉 이런 긴박한 상황에서 아이의 목숨을 지키기 위해서는 남편 이외의 남자라도 받아들일 수 있다는 게 중요하다.

다만 그럴 때 그녀는 낯 모르는 남자의 아이를 임신하지는 않았을까 하고 걱정한다. 물론 임신한 것을 남편한테 발각되지 않으면 되겠지만 그런 것은 되도록 피하고 싶을 것이다.

안성맞춤으로 그런 걱정은 쓸데없는 듯하다. 인간인 여자는 수유에 의해 배란은 억제되지만 발정은 억제되지 않는 요술 같은 생리 기능을 가졌기 때문이다. 즉 수유 기간 중인 여자를 어떤 남자가 찾아와 강요한 교미(성교)를 거절하지 못했더라도 임신할 가능성이 없다.

이른바 현대의 문명사회에서는 생후 반년도 지나지 않아 단계적으로 젖 떼는 일이 상식으로 돼 있고 처음부터 젖이 나오지 않아 우유로 키우는 예도 적지 않다. 따라서 대개의 경우 출산 후 몇 달 만에 배란이 재개돼 연년생 아이도 드물지 않게 됐다. 그런 의미에서 지금도 수렵채집 생활을 계속하는 부시맨 여자들이 평균 4년이라는 긴 간격을 두고 출산한다는 것은 흥미롭다. 그것은 그녀들이 대단히 빈번하고 장기간에 걸친 수유 관습을 갖고 있기 때문인데 인류의 아주 초기 무렵에도 어쩌면 그런 관습이 있어 출산 간격이 그 정도로 벌어지는 것이 보통이었을 것이다. 그렇다면 성은 남편과의 유대를 강화하기 위해서가 아니라 유아살해 방지라는 긴급 과제에 대처하기 위해 이용돼왔음이 틀림없다고 생각된다.

그런데 1970년대 후반에 마침내 본격적으로 시작된 보노보

(bonobo, 일명 피그미침팬지) 연구에서 연구자들은 자신의 눈을 의심할 만한 사실을 잇달아 밝혀냈다. 참으로 지나치다 싶을 만큼 독특한 유인원이다.

그들의 사회에서는 유아살해를 볼 수 없다. 더욱이 왠지 유아살해를 막는 수단으로서 암컷이 성을 이용하는 듯하다. 유아살해가 행해지고 있음을 확인하는 데 비해 '일어나지 않는다'는 것을 증명하기란 어렵다. 그 때문에 어떤 연구자든 '어쩐지 유아살해는 일어나지 않는 것 같다'는 일치된 견해를 갖게 된 것은 극히 최근의 일이다.

이 연구에 주로 관여한 것은 교토대학의 가노 다카요시(加納隆至), 구로다 스에히사(黑田末壽) 등이었는데 1950년대 말부터 아프리카로 가서 많은 곤란을 겪으며 연구를 계속해온 일본인 연구자들도 전례 없는 커다란 광맥을 찾아냈다는 느낌이 든다. 이 유인원이야말로 인류 기원의 수수께끼를 푸는 열쇠를 가장 많이 쥐고 있음이 틀림없기 때문이다.

보노보는 아프리카 중앙부를 동서로 흐르는 자이르강의 남쪽 강안에 살고 있는 조금 특이한 침팬지이다. 그들은 보통 침팬지에 비해 몸이 한결 작고 이마의 털이 길며 귀가 작아 형태면에서 상당한 차이가 있어 양자를 아종관계가 아니라 별종으로 보는 쪽이 타당한 것으로 돼 있다. 게다가 완전히 그런 것은 아니지만 그들은 서서 걷는 것이 특기로 손에 물건을 든 채 20미터 정도는 쉽게 걷는다. 그 뒷모습은 약간 허리가 꼬부라진 채 안짱다리 걸음을 걷는 70~80세 할머니 같은 모습이다.

침팬지와 보노보의 성행동을 비교해보면 놀랄 만한 차이가 있음을 알 수 있다. 한마디로 보노보는 침팬지에서 얼핏 볼 수 있는 이상한 성행동을 일거에 꽃피우고, 그 위에 독자적 행동을 덧붙인 성의 숙달자들인 듯하다.

보노보의 암컷도 발정하면 섹스 스킨이 붉게 부풀어 오른다. 다만 암컷의 생식기는 몸 앞쪽에 있기 때문에 엉덩이보다는 사타구니 가까운 곳이 부풀어 오른다는 느낌이다. 발정한 암컷은 수컷들과 차례차례 교미하는데 침팬지보다 더 적극적으로 수컷을 유혹한다. 침팬지는 수컷이 암컷의 엉덩이에 마운트하는 배면위(背面位) 자세를 취하는 게 보통인데, 보노보는 얼굴을 마주보는 대면위(對面位) 자세도 자주 취한다. 암컷은 드러누워 교미하는 것을 아주 좋아하는 듯하다. 이것은 어쩌면 생식기의 위치 때문일 것이다.

침팬지는 발정 주기(평균 37일) 중 섹스 스킨이 부풀어 올라 수컷과 교미를 하는 기간, 즉 발정 기간은 10일 정도이지만 보노보는 그 2배인 20일이나 되며 그 때문인지 발정 주기 전체도 46일 정도로 늘어나 있다. 또 청춘기(7세에서 12, 13세까지)의 암컷은 놀랍게도 섹스 스킨이 부풀어오른 채 전혀 오므라들지 않고 성숙한 암컷보다도 더 빈번하게 교미를 한다. 더욱이 이 시기의 암컷은 젖을 먹이지 않는데도 배란이 일어나지 않고 그저 섹스 스킨만 팽창해 있는 특수한 생리 상태여서 아무리 교미를 해도 임신하지 않는다. 침팬지의 젊은 암컷의 섹스 스킨이 대개 부풀지 않아 수컷을 끌어 들이기에 부족하다는 점을 생각하면 이 아가씨들은 얼마나 조숙하고 색정적인가.

처음으로 임신을 경험하는 것은 침팬지나 보노보 모두 청춘기가 끝나갈 무렵이다. 그러나 이때도 커다란 차이가 있다. 침팬지는 임신 초기에 섹스 스킨이 몇 차례 팽창하는 시기가 있긴 하지만(이것만도 다른 유인원에 비하면 획기적이다) 후기에 접어들면 오므라든 채이고 교미도 하지 않는다. 그러나 보노보는 임신 기간 내내 섹스 스킨의 주기적 팽창이 반복되고 교미도 그대로 계속한다. 섹스 스킨의 팽창이 가라앉는 것은 겨우 출산 한 달 전에 이르러서이다.

또 그 이상으로 주목해야 할 것은 출산 후 양자의 차이이다. 수유 기간은 양쪽 다 4~5년이나 문제는 그 기간 중의 성행동이다. 침팬지는 출산 후 새끼가 젖을 뗄 때까지 또는 도중에 새끼가 죽어 젖을 빠는 놈이 없어질 때까지는 전혀 발정하지 않고 교미도 하지 않는다. 아주 원칙대로이다. 그러나 보노보는 출산 후 1년

이내에 배란하지 않는 발정 주기가 다시 시작된다. 즉 젖먹이 아이를 안은 암컷이 교미를 하는, 포유류로서는 혁명적인 장면을 연출한다. 보노보는 극단적으로 말해 출산 다음날부터도 '교미'가 가능한 인간만큼 철저히 발정하는 것은 아니다. 그러나 그밖의 많은 원숭이류, 유인원의 동료들로서는 전혀 믿을 수 없는 특수한 생리 기능을 가진 것이다.

왜 보노보는 그렇게 됐을까. 그것은 역시 유아살해를 막기 위해서였다고 생각할 수 있다.

보노보 사회도 침팬지 사회와 마찬가지로 부계제로 암컷이 집단을 이적하는 것은 다르지 않다. 침팬지 사회에서는 그것이 원인이 돼 집단끼리 격렬하게 대립하지만 보노보 사회에서는 왠지 그렇게 되지 않았다. 집단의 수컷끼리 싸우는 일이 있다고는 해도 한쪽이 죽을 정도의 심한 싸움은 일어나지 않는다.

왜 수컷들이 대립하지 않을까. 하나의 이유로서 암컷들의 단결이 강하고, 막후에서 절대적인 권세를 부린다는 점을 생각할 수 있다. 암컷은 각각 다른 집단으로부터 이적해왔다. 만약 서로 다른 집단의 수컷끼리 격렬하게 대립한다면 친정과 시집과의 싸움이 될 때도 있다. 그런 사태가 되지 않도록 암컷들은 결속해서 수컷에 대항하는 것이다.

다만 그렇다고 해도 혈연관계가 없는 암컷들이 어떻게 결속력을 다질 수 있을까. 이상한 것은 오히려 이 점이다. 침팬지 암컷은 서로 아주 서먹서먹하고 차가운 관계를 유지한다. 암컷끼리 결속해서 수컷을 지배한다는 따위의 생각은 도저히 할 수 없다. 게다가 그녀들은 하나의 집단을 한때 몸을 맡기는 장소 정도로만 생각할 뿐이어서 어떤 좋지 못한 일이 일어나면 바로 이적해 버린다. 한편 보노보 암컷은 일단 시집오면 그곳을 마지막 거처라고 생각하고 떠나지 않는다. 그들의 공고한 결속은 한편으로는 집단에서의 강한 정착성에 의해 길러졌을 것이다.

그래도 의문은 남는다. 그 정도로 암컷끼리 그렇게 사이좋게 될까. 그녀들에게는 뭔가 더 마음 깊은 곳의 유대 같은 것이 있는 듯 느껴진다. 그것은 무엇일까. 보노보 암컷은 어떤 기묘한 행동을 보인다. 어쩌면 이 행동은 그들이 정신적 유대를 형성해 결속력을 공고히 하는 데 절대적인 힘을 갖는 것은 아닐까.

암컷들은 한쪽이 땅위에 드러눕고 다른 쪽이 올라탄다거나, 나뭇가지에 매달려 서로 마주보고 다리를 엉키게 하고 허리를 옆으로 흔들며 서로의 섹스 스킨을 문질러준다.

이런 행동은 먹을거리 등을 놓고 긴장상태에 빠질 때 그 긴장을 풀어주기 위해 자주 행해진다. 다만 그 정도라면 단순한 의례로서의 의미밖에 갖지 못할 것이지만 전혀 그렇지가 않다. 그들은 정말로 서로 사랑하는 듯하다. 섹스 스킨을 서로 문지르면 홍분해서 붉은색을 띠게 된다. 이렇게 몸도 마음도 풀어져 아주 기분 좋은 상태가 되면 조금 전까지 도대체 무엇이 문제였는지조차 잊어버릴 것이다. 실제로 이런 암컷의 동성애 행동을 어느 일본인 연구자는 '호카호카'[13]라고 불러 호평을 받고 있다.

또 보노보 수컷에서도 동성애 행동이 발견된다. 수컷끼리의 단순한 마운팅이라면 일본원숭이 등에서도 볼 수 있어 조금도 드문 일이 아니지만 그런 것들은 서열 확인 등 다분히 의례적인 것이다. 그러나 보노보는 암컷의 '호카호카'와 마찬가지로 수컷의 동성애 행동도 정말로 성적 홍분을 수반하는 듯하다. 서로 반대방향으로 엉덩이를 붙이거나 한쪽이 다른 한쪽을 올라타는 등 체위도 여러 가지인데 그들은 확실히 만족하는 표정을 짓는다.

물론 수컷과 암컷 사이의 '정상적인' 교미는 앞에서도 밝혔듯 생식과는 상당히 분리돼 있다. 교미는 거의 인사 대신일 때도 있고 때로는 사소한 흥정의 수단으로 이용되기도 한다.

예를 들어 먹이터에서 젊은 암컷이 사탕수수를 들고 있는 수컷에게 다가가 교미하자고 유혹한다. 수컷은 쉽게 유혹에 넘어가지만 그렇게 되면 이번에는 암컷이 대단히 무리한 요구를 하게 된다. 암컷은 당연한 권리인 듯 사탕수수를 빼앗는다.

---

13. 따스한 느낌을 나타내는 말로 우리말의 '따끈따끈'에 해당한다.

또 수컷이 확보해둔 사탕수수를 암컷이 가져갈 때 곧바로 '프리젠팅(엉덩이를 내미는 행동)'을 해서 수컷이 올라타게 한다. 설사 수컷이 사탕수수 건네기를 거부하더라도 그렇게 해서 억지로 올라타게 한다.

수컷은 번번이 암컷의 엉덩이에 이끌려 알지 못하는 사이에 분노나 응어리에서 해방되는 듯하다. 얼마나 대단한 암컷의 천국인가. 암컷은 인간을 제외한 영장류로서는 최초의 쾌거인 '생식과 분리된 성'을 어떻게 이용할까 하고 단단히 준비한 듯하다. 게다가 그녀들은 진짜 임신이 언제 어떻게 되는지를 전혀 모르는 것처럼 보인다. 어쩌면 사탕수수 한 줄기의 대가로 새끼가 생겨버리는 일이 일어날 수도 있다.

그러나 그녀들에게는 아기 아빠가 누구이든 상관없다. 보노보 사회는 침팬지나 일본원숭이와 달리 완전한 난혼으로 짝짓기한다. 더욱이 콘서트도 없고 떠돌이 원숭이도 없다. 이렇게 되면 점점 새끼의 아버지가 누구인지 모르게 돼 모든 수컷이 아버지로서의 책임을 진다. 한마디로 암컷의 노림수는 바로 이것이다. 보노보 사회에서 분명하게 알 수 있는 것은 모자관계뿐이고, 특히 아들은 평생 태어난 집단에 머문다. 어미에 대한 아들의 의존관계는 평생 계속된다. 그는 언제까지고 어머니 앞에서는 고개를 숙이는 마마보이로 남는다.

또 보노보 수컷 사이에 서열이 있긴 있지만 그리 명확한 것도 아닌 듯하다. 가노 다카요시 씨는 『최후의 유인원』이란 책에서 그들은 서열을 매기는 것이 아니라 성행동에 의해 해결하는 길을 택했다고 지적했다. 역시 이런 방법도 있다. 그러나 설사 수컷 사이에 명확한 서열이 있다고 해도 그런 것은 결속된 암컷들 앞에서는 아무런 의미도 갖지 못할 것이다. 암컷들에게는 그들이 다 같이 코흘리개 철부지들이기 때문이다.

인간 사회에서도 전쟁이나 다툼을 막기 위해서는 우선 여자가 얼마나 발언권을 가지느냐가 중요할 것이다. 어머니가 아들을, 아내가 남편을 전쟁에 보내지 않기 위해 일치단결한다면 거기에 대항할 수 있지 않을까. 다만 결코 그렇게 되지 못한 것이 지금까지의 인간 사회였다. 남자들은 수다 떨기를 좋아하고 낙천적이며 논리적 사고는 서툴지만 직감력이 뛰어난 여자의 특성에 낮은 평가밖에 내리지 않는다. 그 이유는 여자들이 자신을 갖고 발언권을 갖게 되면 전쟁 수행에 뭔가 불리한 일이 늘어나기 때문은 아닐까.

인간과 전쟁의 깊은 관계사에 대해 밝히는 것은 별도의 기회로 미루기로 하고 맺음말에서는 혼인 형태, 유아살해, 바람피우기, 속임수라는 것이 각각 어떤 위치관계에 있는지 다시 정리해 보려 한다.

<맺음말>

모든 짝짓기에는 고도의 생존 전략이 있다

일본 영장류 학자들이 아프리카에서 보노보라는 노다지를 찾아 "자, 이제부터"라고 분발하고 있을 무렵 미에(三重) 현 스즈카(鈴鹿) 시에 있는 해오라기류 집단 번식지에서도 몇몇 남자들이 작은 천막집을 짓고 관찰에 열중하고 있었다. 거기에는 아프리카 오지까지 들어간 사람들도 끝내 발견하지 못했던 극히 인간적인 사회가 있었기 때문이다.

오사카(大阪) 시립대학 야마기시 사토시(山岸哲) 씨를 중심으로 한 연구팀이 나라(奈良) 분지 전체에서 황로나 백로 등 몇 종의 해오라기류가 모두 1,000마리나 몰려드는 대번식지에서 놀라운 사실을 발견했다. 황로나 백로는 다른 많은 새와 마찬가지로 일부일처제 생활을 하며 둥지 만들기, 알 품기, 새끼 기르기 등의 일을 부부가 함께 협력해서 한다. 이런 점에서는 평범한 부류에 들어가는 새이다.

그러나 이 새의 특수 사정이라고 해야 할 번식지의 초과밀성 때문인지 그 잘난 인간도 손을 들어야 할 정도로 헐렁한 암수관계를 보인다.

예를 들어 수컷이 둥지 지을 재료를 찾으러 가고 암컷만이 둥지에 남아 있을 경우, 옆집의 바깥양반이 불쑥 찾아와 그녀에게 말을 걸려고 한다. 그녀가 달려들어 쫓아낼 때도 있지만 때로는 쉽게 받아들여 교미하기도 한다. 또 큰소리를 질러 '남을 부르는' 일도 있다고 한다.

야마기시팀의 관찰로 밝혀진 것은 우선 그녀가 큰소리로 '남을 부르는' 것처럼 보이는 것이 사실은 큰소리를 질러 남편이 가까이에 있는지 아닌지를 확인하려는 행동이라는 점이다. 즉 소리를 듣고 남편이 돌아오면 "당신 없는 사이에 이상한 남자가 와서 나를 유혹하려고 하잖아요. 얼마나 무서웠다고요. 그러나 이젠 안심이에요"라고 말하는 것 같은 행동을 한다. 그러나 만약 남편이 돌아오지 않으면 그 수컷과 교미해버린다. 또 그녀가 그런 '불륜'에 대해 보이는 적극성은 상대 수컷의 서열과 커다란 관계가 있다. 어쩐지 암컷의 노림수는 서열이 높은 수컷의 새끼를 낳아 남편이 키우도록 하려는 것 같다.

게다가 이런 일을 뒤집어 생각해보면 그녀의 남편도 어디에서 누군가와 마찬가지의 일을 시도하고 있을 것으로 추측된다. 실제로 모든 수컷은 먹을거리 등을 찾기 위해 외출한 김에 부지런히 남의 아내에게도 손을 댄다.

이렇게 되면 이미 해오라기 사회는 일부일처제라기보다 난혼

제라고 하는 쪽이 나을 듯하다. 그러나 그들은 협력해 둥지 짓기나 새끼 키우기를 하는데 암컷은 여하튼 남편과 가장 많이 교미한다. 그들은 눈앞의 남편 또는 아내가 있으면서도 이따금씩 남의 남편이나 아내와 바람피우는 인간과 실로 비슷한 혼인 형태를 갖고 있다.

이런 '혼외 교미'는 집단번식을 하는 조류 사회에서는 흔한 일이다. 미국의 갈색제비도 역시 집단 번식을 하며 겉으로는 일부일처제를 하는 새이다. 남편은 수정 가능성이 있는 둥지 짓기 시기부터 산란기까지는 필사적으로 아내를 지키지만, 그 이외의 시기에는 남의 아내를 따라다닌다. 그들은 제트전투기의 곡예비행 같은 멋진 공중 쇼를 펼친다. 그것은 대개 아내 뒤를 남편이 따라 날고 그 뒤를 다른 수컷들이 따르는 장면인 듯하다. 때로 남편은 아내를 놓치는 수가 있다. 이때 다른 수컷들은 잘하면 그 짧은 틈을 타 교미해버린다.

그렇게 갈색제비 수컷이 어떤 시기에는 아내를 지키는 데 전념하고 다른 시기에는 남의 아내 꽁무니를 쫓아 다니는 데 열중하는 것은 알이 몸속에서 수정이 가능할 때까지 성숙하는 때가 있고 그것이 암컷마다 조금씩 다르기 때문이다. 그들은 알 때문에 약간 둔해진 비행 모습에서 그것을 알아챈다고 한다.

해오라기나 갈색제비 사회가 이렇게 인간 세계와 공통의 화제로 넘치고 있다면 제1장에서 논한 것 같은 경과를 거쳐 그들도 뇌를 발달시켜 날개가 돋친 '인간'이 되었다고 해도 이상한 일이 아닐 것이라는 생각이 든다. 물론 그들은 그렇게 하지 않았다. 그 것은 우선 '난다'는, 새라면 어쩔 수 없는 사정 때문에 뇌의 중량에 필연적 제한이 있었기 때문인지도 모른다. 다만 그렇다면 땅 위에 사는 새가 되어 새로운 활로를 찾으면 그만이 아닐까 하는 의문도 든다.

내가 주목하고 싶은 것은 그들이 하나같이 바람피우고 싶어하는 성질을 지니고 있다는 점이다. 모든 수컷은 기회만 있으면 언제든 바람피우려고 하고 암컷도 마찬가지이다. 모두가 같은 전략을 취하고 있으므로 그들에 대해서는 '바람'이니 '불륜'이니 하는 말이 사실은 어울리지 않는다.

한편 인간은 모든 남자가 똑같이 바람피우려고 안달하지는 않는다. 말하자면 바람파와 비바람파가 있는 것이다. 이 두 가지 타입을 나는 그 남자의 재능 배경도 포함해서 각각 문과계 남자, 이과계 남자라고 불렀다. 실제로 여자가 남자를 평가할 때 벌이나 외모도 따지지만 그 남자가 장차 바람을 피울 것 같은지 아닌지도 따지게 마련이다.

인간 사회의 특수성은 남자의 신용도에 현저한 차이가 있다는 점이 아닐까. 바로 그렇기 때문에 남자는 단순히 설득하기 위해

서뿐만이 아니라 자신이 불성실한 남자가 아니라는 점을 여자에게 납득시키기 위해서도 언어 능력을 발달시킬 필요가 있었다. 재미있는 것은 불성실한 남자일수록 이 능력이 발달돼 있다. 또 여자는 여자끼리 매일 정보를 교환하고 남자에 대해 의논한다. 그러기 위해서도 역시 언어 능력이 필요했던 것이다.

만약 우리 선조들의 사회가 바람피우기를 장려하는 사회였다면 우리는 현재의 인간이 될 수 없었을 것이다. 어쩌면 날개가 없는 해오라기라도 되었을 것이다. 바람피울 때는 약간 죄의식을 느끼더라도 발각되지 않도록 모든 힘과 꾀를 기울여야만 한다. 그것이야말로 인간을 인간답게 하는 원동력이 돼 왔다.

그런데 이 책의 후반부에서는 여러 가지 포유류(특히 영장류) 사회를 소개해 인간이 포유류로서는 상당히 평화적인 부류에 들어간다는 것을 강조했다. 그러나 오늘날 유괴한 유아를 산 채로 다리 위에서 떨어뜨렸다든가 성희롱한 소녀의 입을 막으려고 죽였다는 등의 잔인한 사건이 많이 생겨났다. 그런 일들이 생길 때마다 세상 사람들이 의문을 가지지 않을까 하는 불안에 사로잡히게 된다. 나도 여러분도 냉정히 생각하기 위해 시험 삼아 계산해본 것을 소개한다.

어느 날 갑자기 1억 2,000만 명의 일본인이 하누만랑구르로 변신했다고 하자. 하누만랑구르는 이미 소개한 대로 은회색의 긴 코트와 긴 꼬리와 크고 번쩍이는 눈을 지닌, '신의 사자' 라는 별명에 실로 어울리는 원숭이이다. 이 아름다운 원숭이의 섬으로 변한 일본에서는 도대체 어느 정도의 유아살해가 일어날 것인가.

우선 하렘의 지도자가 되는 것은 성숙한 수컷의 10~20퍼센트이므로 전국에는 500만~1,000만 개의 하렘이 생긴다. 지도자 교대는 대개 4~5년에 한 번꼴로 일어나니까 유아살해 건수는 연간 약 100만~200만 건에 이를 것이다. 또 한 차례의 사건으로 죽는 젖먹이 새끼는 적어도 두세 마리라는 것까지 고려하면 연간 수백만 명의 희생자가 나온다는 계산이다.

한편 현재 일본에서 유아살해건 성인살해건 살인사건이라고 불릴 수 있는 것은 연간 1,700건밖에 일어나지 않는다. 즉 하누만랑구르와 인간의 피비린내 나는 사건 발생률을 보면 적어도 100배의 차이가 난다.

포유류의 진화사는 한편으로는 유아살해를 막으려는 어미의 힘든 투쟁의 역사이다. 특히 보통 침팬지나 고릴라가 유아살해를 한다는 것은 그런 투쟁이 유인원에서 인간으로 이어지는 계보에서도 아직 계속되고 있음을 의미한다. 그리고 그 가운데 대체로 승리했다고 말할 수 있는 것이 인간과 보노보의 암컷이다. 수유 기간 중에 배란은 억제되더라도 발정은 억제되지 않는 속임수. 포유류의 역사 가운데 유아살해를 막는 수단으로 이 이상의 발명이 있을까.

또 방법은 다르지만 오랑우탄의 암컷도 이 싸움의 승리자라고 봐야 한다. 그녀들은 발정과 발정하지 않음을 확실히 구별하는 신호를 갖고 있지 않다. 그 때문에 서열이 낮은 수컷이 강간하는 귀찮은 문제를 떠안아야 하는 함정이 있다. 그러나 하위 수컷에게 강간당하는 것은 '새끼를 죽여 이 암컷을 발정시키자'고 생각할 여지를 주지 않는 이점도 있는 것이다. 강간당한다고 해도 거기에 대항하는 수단을 강구하지 않고 내버려둔다. 그것은 그녀들이 아무런 해를 입지 않는데다 우위의 수컷으로부터 제재가 있을 리도 없기 때문이다. 오랑우탄의 경우, 암컷의 임기응변이 유아살해를 막는 데 의외로 효과를 거두고 있는 듯하다. 이렇게 암컷이 스스로 사회를 융통성 있게 해온 것은 인간, 보노보, 오랑우탄에서 공통으로 발견되는 현상이다.

그런데 또 우리의 계보를 더듬어보면, 이 책에서는 자세히 밝히지 않았지만, 작은 유인원과 긴팔원숭이에 이르게 된다. 그들은 엄격한 일부일처제를 지키고 철저하게 가족단위로 행동한다는 아주 독특한 사회를 형성하고 있다. 그러나 애석하게도 아직 그렇게 자세한 연구가 이루어지지 않았다. 수십 미터 되는 나무 꼭대기에서 사는 그들의 생활을 자세하게 관찰하려면 연구자도 어쩔 수 없이 나무 위 생활을 해야 하기 때문이다.

당연히 유아살해에 대해서도 단정적으로 말할 수 없다. 하지만 나는 자신 있게 그런 일이 일어나지 않을 것이라고 예상하고 있다. 그것은 긴팔원숭이 암컷이 수컷에 조금도 뒤지지 않을 만큼 커서 힘으로 유아살해를 막을 수 있다고 생각하기 때문이다. 실제 긴팔원숭이 수컷과 암컷은 겉으로 봐서는 거의 차이가 없을 뿐만 아니라 보통은 수컷 성체끼리의 싸움에 사용되는 송곳니가 암컷에게도 발달해 있다.

이와는 달리 보노보 암컷은 서로 결속하는 것으로 체력 문제를 극복해왔다. 그 결과 동물 사회에서 드물게 보는 평화로운 사회를 실현했다. 사회를 평화롭게 하는 비결의 하나는 어쩌면 암컷에게 힘이 있어 수컷과 같거나 그 이상이 되는 것인 듯하다. 그것은 일본원숭이나 겔라다비비 등의 사회를 봐도 아주 쉽게 알 수 있다.

인간은 여자가 언제든 발정하게 돼 유아살해를 막는 데는 성공했다. 그러나 남자끼리의 상대방 죽이기, 즉 전쟁에 대해서는 아직 결정적 방지책을 찾지 못했다. 전쟁이 인간의 역사에 남긴 공과에 대해 여기서 새삼 논하지는 않겠다. 하지만 전쟁은 이치를 따질 것도 없이 막지 않으면 안 된다. 인간은 두 차례의 세계대전을 겪으면서 이미 전쟁에는 넌더리가 났지만 아직 국지적인 전쟁을 계속하고 있다. 전쟁을 없애는 것은 정말 가능한 일일까.

나는 적어도 현재 인간 세계의 도덕률 범위 내에서는 소용이 없다고 생각한다. 왜냐하면 여러 가지 도덕률을 지니고 있는 부족이건 소국이건, 서로 전쟁을 거듭해서 그중에서 가장 전쟁에 유리한 도덕률을 가진 자들이 승리해온 것이 수천 년 수만 년 동안의 인간 진화사였기 때문이다.

우리는 단호하게 기존 개념을 버리고 보노보 등 평화로운 이웃에게 머리를 숙이고, 한 수 가르침을 구해야 하는 게 아닐까. 그들을 연구하는 사람들을 원숭이 나라의 사절로 삼아서라도 말이다.

〈저자후기〉

동물의 시각에서 본 인간

한 동물행동학 연구자가 다룬 인간에 대한 수수께끼는 돌고 돌아 결국, 인생의 여러 선배들이 보자면, 너무도 당연한 결론에 이르렀는지도 모릅니다.

인간으로서의 묘미는 도구나 불을 이용하는 것도 아니고 하물 며 직립해서 두 다리로 걷는 것도 아닙니다. 그것은 역시 말에 의 한 남자와 여자의 홍정, 서로 속이기, 또는 그런 데서 생겨난 오 해나 환상 등은 아닐까요. 그렇게 얼핏 보면 아무것도 아닌 것 같 은 일에 사로잡혀 적극적인 의미를 찾아내고 싶었습니다. 오히 려 나는 그런 것들이야말로 인간을 인간답게 한 원동력이라고 생각합니다.

내용에 대해 유용한 지적을 해주셨을 뿐만 아니라 귀중한 인 간 관찰의 장을 제공해주신 교토대학 이학부 동물학교실 제1강 좌의 여러분들에게 깊은 감사를 드립니다. 특히 히다카 도시다 카 교수에게서 인간이 무엇인지를 많이 배웠다고 생각합니다.

마지막으로 나를 계속 격려해준 많은 동물들에게 이 자리를 빌려 감사의 뜻을 밝히고 싶습니다.

1988년 4월 1일

다케우치 구미코

바람기로 본 인류 진화론

사람에 대한 인상은 첫 만남의 순간에 거의 결정된다고 해도 과언이 아니다. 직접적 만남이든 책을 통한 만남이든 다르지 않다. 다케우치 구미코의 책을 처음 손에 든 것은 1995년 가을이었다. 책 내용을 훑어보기 전에 우선 살펴본 저자 약력에서 '교토대학 이학부 박사과정(동물행동학)'을 대하는 순간 반가운 마음이 앞섰다.

당시 나는 게이오(慶應) 대학 신문연구소(현 미디어커뮤니케이션 연구소) 방문연구원 자격으로 1년간의 일본 연수를 마치고 도쿄특파원 2진을 겸한 심화연수과정에 들어가 있었고, 한창 다치바나 다카시(立花隆)의 저작에 심취해 있었다. 그의 『원숭이학(영장류학의 일본식 표현)의 현재』를 통해 교토대학이 제2차 세계대전 후 세계 영장류 연구를 선도해왔다는 점이 뇌리에 박혀 있었다. 특별한 지식이 있는 것은 아니었지만 영장류 사회 연구가 동물행동학이나 진화생물학 분야의 백미라는 인식은 있었다. 1990년대 초 문화부 기자로 있으면서 데스몬드 모리스의 『털 없는 원숭이』를 소개한 뒤 계속 흥미를 느껴 이런저런 책을 읽으며 들었던 생각이다.

그런 연유로 교토대학 박사과정에서 동물행동학을 전공했다는 저자의 약력에 커다란 매력을 느꼈다. 그런 좋은 인상 때문인지 집어든 책을 단숨에 읽어 내려갈 수 있었다. 그것이 바로 이 책이다. 일본어 원제는 『바람기 인류진화론(浮氣人類進化論)』으로 '혹독한 사회와 적당한 사회'라는 부제가 붙어 있었다. 나는 이 책을 읽고 난 후 다케우치의 팬이 되었고, 지금도 그의 책을 다치바나의 책과 함께 긁어모아 읽고 있다.

1996년 봄 귀국한 나는 일본어 공부를 겸해 개인적 자료로 삼을 만한 일본책과 논문을 틈틈이 번역했다. 주로 독도 관련 자료나 다치바나의 책, 다케우치의 책이었다. 1998년 도쿄특파원으로 부임한 후에도 한동안 그런 작업을 계속했다. 대부분 개인적 흥미에서 출발한 일이었지만 혼자 읽기엔 아깝다는 생각에 몇 권의 번역출판을 타진해보았다. 그 결과가 이 번역본이다.

이 책은 크게 세 가지 이야기가 담겨 있다. 첫째는 인간이 다른 영장류와 달리 인간으로 진화할 수 있었던 가장 큰 이유가 언어능력이라는 가정에서 출발한다. 이 가정을 검증할 수는 없지만 다른 영장류와 인간을 구별하는 여러 특징 가운데 언어 능력이 가장 두드러진다는 점만은 의문의 여지가 없다. 이런 가정 위에서 왜 인간이 특별한 언어능력을 필요로 했을까를 추측해 보려는 것이 이 책의 주된 목적이다.

인간의 언어능력은 불륜을 위한 수단, 또 불륜을 막기 위한 수단으로서 서로 영향을 주고받으며 발전해왔다고 본다. 성(性)과 출산이 분리된 지금의 인간과 달리, 성과 출산이 완전히 결합됐던 초기 인류에 있어서 수컷(남성)의 불륜은 다양한 형질의 개체를 언어 개체의 생존 확률을 높임으로써 궁극적으로 '이기적 유전자'의 '의사'를 관철하려는 무의식적 행위이다. 반면 새끼(자식) 양육 부담이 큰 암컷(여성)으로서는 수컷의 관심이 다른 암컷과 그 새끼에 기우는 것은 자신의 새끼, 나아가 자신의 유전자의 생존 확률을 떨어뜨리는 심각한 위협이다. 남자는 여자를 꼬드기기 위해 언어능력을 발달시켜야 했고, 여자는 남자의 불륜 조짐을 일찌감치 포착하거나, 일이 벌어지고 난 후에라도 재빨리 알아채기 위해서는 긴밀한 정보 교환이 필요했다. 그것이 남녀 각각의 언어능력을 끌어올렸다. 그리고 다른 자연선택과 마찬가지로 뛰어난 언어능력은 당연히 후손에 유전돼 이어졌다.

다케우치의 이런 생각은 성행동이 진화와 밀접한 관련을 가진다는, 성진화론 일반의 가설과 부합한다. 언어발달을 집단적 사냥이나 전쟁과 연관시키려는 노력이 그리 성공적이지 못했다.

실제로 전쟁을 비롯한 집단행동에서의 정보교환과 신호는 지금도 최대한 간명할 것이 요구되고 있어서, 초기적 언어 발달이라면 몰라도 뇌를 키울 만한 고도의 언어능력을 설명하는 데는 무리가 있다. 반면 언어능력의 발달을 성 행동과 관련시키는 시각은 풍부한 상상력을 자극할 만하다. 무엇보다 모든 생물종의 진화는 근본적으로 생식과 떼어서 생각할 수 없으며, 각각 인간진화의 가장 큰 특징으로 여겨져 온 인간의 성과 언어능력 사이에 모종의 연관성이 있으리란 점은 분명해 보이기 때문이다. 지금도 인간은 연애편지를 쓰거나 데이트를 할 때는 자신의 언어능력을 총동원한다.

다케우치는 인간의 성 행동 가운데 바람피우기, 즉 불륜을 언어능력 발달의 주요인으로 집어냈다. 비슷한 생각을 하는 사람들도 많은 모양이다. 미국의 영장류학자인 리처드 랭검은 1992년 이렇게 말했다. "사냥에 나가거나 해서 집을 비운 사이에 아내가 바람을 피우지 않았을까 하고 남자는 의심한다. 그는 자신의 어머니나 주위 사람들에게 이것저것 물어서 정보를 수집한다. 인간의 언어능력이란 그런 과정을 통해 발달해 온 것은 아닐까."

의심의 방향은 다르지만 불륜과 그에 대한 의심이 인간의 언어능력 발달을 불렀다는 다케우치의 가설과 일맥상통한다.

다케우치는 이 가설을 더 밀고 나가 남자를 여자를 잘 꼬드기고, 바람둥이 기질이 있는 문과형과 반대의 이과형으로 나눈다. 그 경우 이과형 남자는 자손을 남길 기회가 없을 듯하지만 여자의 경계심과 전쟁이라는 특수 상황이 그들에게 기회를 주고, 주기적 조절 과정을 통해 평형상태에 도달한다고 보았다.

내용은 다르지만 비슷한 발상은 영국의 동물학자인 로빈 베이커의 『정자전쟁』에서도 읽을 수 있다. 그는 언어능력보다는 고환의 크기를 기준으로 남자를 두 가지 유형으로 나누었다. 고환이 큰 남자는 바람기가 농후하고 성교에 적극적인 반면 고환이 작은 남자는 바람기가 없고 성교에도 소극적이다. 정자전쟁에서 이기려면 많은 정자를 여자의 체내에 집어넣어야 하는데 바람을 피우는 등 정자경쟁에 접할 기회가 많은 남자는 더 많은 정자를 제조해야만 한다. 그래서 고환을 발달시켰다. 거꾸로 정자전쟁에 접할 가능성이 낮은 남자는 고환을 발달시킬 필요가 없다. 그 대신에 여자를 잘 감시하기만 하면 그만이다. 베이커는 고환이 큰 남자와 작은 남자의 평형은 주기적 성병의 창궐에 의해 이뤄진다고 보았다.

언어능력과 고환의 크기로 기준이 다르고, 조절인자가 전쟁이냐, 성병이냐로 갈라지긴 했지만 기본적 발상이 일치한다.

이 책의 두 번째 이야기는 동물들의 다양한 짝짓기 전략이다.

인간과 곧바로 비교할 수는 없지만 성과 생식에 대한 막연한 상정을 뒤흔드는 재미있는 이야기가 많다. 또 독특한 짝짓기 전략이 대부분 자신은 바람을 피우고 싶어하고, 상대의 바람기는 막고 싶은 모순적 본능에서 비롯되고 있다는 점에서 흥미롭다.

세 번째 이야기는 '혹독한 사회와 적당한 사회'라는 부제를 직접 다루었다. 한때 동물사회는 난폭한 포식자조차도 같은 종을 죽이지는 않는다는 신화는 동물행동학자들의 현장 연구를 통해 하나하나 부정돼왔다. 특히 가장 처절하다고 할 '유아살해'에 관한 한 인간은 비교적 평화로운 쪽에 속한다. 대부분의 동물 집단에서는 암컷의 배란을 촉발하기 위해 다른 수컷의 새끼를 너무도 쉽게 죽여버린다.

저자는 성의 분배 문제와 직결된 '유아살해'를 기준으로 숨이 막히는 '혹독한 사회'와 편안하게 살 만한 '적당한 사회'로 나눈다. 인간과 가장 가까운 유인원 사회의 다양한 성 분배를 살핌으로써 바람기를 허용하는 정도가 클수록 사회가 평화롭다는 점에 주목한다. 그 과정에서 암컷(여자)의 주도권이 중요한 요인이며, 암컷의 주도권이 강할수록 평화롭다고 본다. 특히 성이 대립적 요소로 기능하는 다른 사회와 달리 보노보 사회에서는 자유분방한 성이 유대의 기초가 되고, 수컷과 암컷의 이성애뿐만 아니라 수컷과 수컷, 암컷과 암컷의 동성애가 어떻게 집단의 평화에 이

바지하는가를 묘사한 장면은 원시종족의 성 풍속에 대한 인류학 보고서를 보는 듯하다.

다케우치는 장점이 많은 저술가다. 동물행동학을 전공한 전문 연구자로서 일반인을 상대로 한 쉬운 글쓰기의 표본을 보이고 있고, 여성 특유의 섬세한 상상력에 넘친다. 또 동물행동학이나 진화론과 관련한 세계적 연구자들의 최신 이론을 단순히 소개하는 것이 아니라 일본의 현실상황에 나름대로 적용함으로써 대단히 추상적인 이야기에 현실감을 부여한다. 이런 응용능력은 관련 분야의 탄탄한 기초가 있어야 가능한 일이다.

바로 이런 응용력 때문에 학문적 진지함을 해치고, 독자들을 오도한다는 연구자들의 비판이 있는 것 또한 사실이다. 그가 대중과학 전문 저술가의 길을 걷는 한 떨치기 어려운 비난이다.

나는 그런 비판을 염두에 두면서도 다케우치의 책을 사랑한다. 읽어서 재미있고, 무리한 가설이나 주장은 적당히 거를 수 있으면 그만이다. 단점을 과장해서 물고 늘어지는 '혹독함' 보다는 나름대로 걸러서 읽고, 장점을 취하는 '적당함' 은 지식사회의 평화를 위한 전제이기도 하다.

2006년 12월 중학동에서

황영식

진화의 원동력 짝짓기

초판 1쇄 인쇄 2006년 12월 20일
초판 1쇄 발행 2006년 12월 25일
지은이 다케우치 구미코
옮긴이 황영식
펴낸이 김연홍

편 집 안현주 조원미
디자인 임 호
영 업 김은석
관 리 한인선

펴낸곳 디오네
출판등록 2004년 3월 18일 제 313-2004-00071호
주소 121-865 서울시 마포구 연남동 224-57
전화 02-334-7147 **팩스** 02-334-2068
값 9,800원
ISBN 89-89903-97-1 03470
주문처 아라크네 02-334-3887